河 之 变

——电视解说词

水利部黄河水利委员会　编

黄 河 水 利 出 版 社

·郑州·

图书在版编目(CIP)数据

河之变:电视解说词/水利部黄河水利委员会编 . —郑州:
黄河水利出版社,2011.4
ISBN 978 - 7 - 5509 - 0013 - 4

Ⅰ.①河… Ⅱ.①水… Ⅲ.①电视节目 - 解说词 - 中国 -
当代②黄河 - 水利史 Ⅳ.①I235.2②TV882.1 - 092

中国版本图书馆 CIP 数据核字(2011)第 061629 号

出 版 社:黄河水利出版社
　　　　地址:河南省郑州市顺河路黄委会综合楼 14 层　邮政编码:450003
发行单位:黄河水利出版社
　　　　发行部电话:0371 - 66026940、66020550、66028024、66022620(传真)
　　　　E-mail:hhslcbs@ 126. com
承印单位:河南省瑞光印务股份有限公司
开本:787 mm × 1 092 mm　1/16
印张:15. 75
字数:191 千字　　　　　　　　　　印数:1—3 000
版次:2011 年 4 月第 1 版　　　　　印次:2011 年 4 月第 1 次印刷

定价:53. 00 元

前　言

　　黄河是中华民族的母亲,她哺育了中华民族的繁衍和成长,造就了中华民族赖以生存的土壤;黄河百折不回与雄浑激扬的奔流更成为中华民族的风骨与精神!

　　黄河又是世界上公认的最复杂、最难治的河流。20 世纪末的 1972 年到 1999 年,由于人类对河流的过度开发和自然降雨不均等因素,黄河断流 20 多年,河流水生态系统遭遇空前的生命危机。

　　当新千年的曙光跃上地平线的时候,谋求黄河长治久安是每一个炎黄子孙的共同心愿。

　　今天,当人类作别新世纪的第一个十年,当我们再次回望这条古老的河流,我们欣喜地看到,被称为思想和精神圣地的黄河经历着举世瞩目的历史传奇。

　　新世纪、新黄河。维持黄河健康生命、黄河水量统一调度与管理、调水调沙、人工塑造异重流、标准化堤防、"三条黄河"、黄河粗泥沙控制的"三道防线"、黄河水沙调控体系、黄河下游河道治理方略……新理念、新思维、新举措,让黄河由频仍断流的孱弱之身还原到润泽万顷的母亲之尊,也诠释着人与河流、人与自然和谐相处的深邃内涵。

　　与大河共奔腾,用妙手著华章。十年来,广大新闻工作者笔墨与黄河同步,镜头与黄河同行,话筒与黄河同声,以坚定的足迹和追寻的目光,用客观、准确、及时的报道,真实记录着黄河治理开发与管理迈向现代化的坚实步伐;以鲜明、生动的笔触描绘了精彩壮丽的时代画卷,用自己的热情、智慧、勤奋和忠诚,让世界了解黄河,让黄河走向世界。

为了重温新世纪以来黄河治理开发与管理事业探索的步履,感知黄河人追求的梦想,激励广大人民群众和黄河职工凝心聚力把黄河治理开发与管理事业继续推向前进,我们精选了近十年来具有代表性的20余部电视专题解说词汇集整理成册,希冀它成为一部见证新世纪黄河治理开发与管理事业蓬勃向前的影像档案。

一个崭新的时代必将孕育永恒的水利经典。让我们共同迎接新世纪、新时代的挑战,继续谱写维持黄河健康生命的精彩乐章!

编　者

2011 年 3 月

目　　录

河 之 变

黄　河

　　黄河,中国第二大河,世界闻名的万里巨川。她发源于青藏高原巴颜喀拉山北麓,跨越青海、四川、甘肃、宁夏、内蒙古、陕西、山西、河南、山东九个省区,一路携川纳流,奔腾跌宕,在山东垦利注入渤海,全长5464公里,流域面积79.5万平方公里。

　　这是一条传承中华文明的伟大河流。她哺育了我们这个民族的成长,孕育了光辉灿烂的华夏文明。源远流长的历史文化,光芒四射的古国声威,血脉维系的民族灵性,印记着龙的传人增殖裂变、交融汇流的沧桑年轮,凝聚着中华民族百折不挠、自强不息的卓然风骨。

　　这也是一条性情极其独特的河流。黄河年均径流量580亿立方米,仅为亚马孙河的0.8%、长江的6%,但高达16亿吨的年均输沙量,却分别是这两条世界著名河流的1.8倍和3倍。如果把这些黄河泥沙筑成高、宽各一米的土堤,其长度可以围绕地球赤道转27圈!

　　黄河水量有一半以上来自上游,而百分之九十多的沙量则出于中游水土流失极为严重的黄土高原。水少沙多,水沙异源,泥沙淤积严重,下游长河高悬。每次决口改道,水沙俱下,一泻千里,生灵涂炭,生态环境长久难以恢复。据记载,自公元前602年至公元1938年的2540年间,下游共决溢1590余次,大的改道26次。平均三年两决口,百年一改道,黄河因此被称为"中国之忧患"。

　　黄河宁,天下平。

　　新中国成立后,党和政府领导人民对黄河进行了大规模的建设。干支流上兴建了三门峡、小浪底等拦洪水库，绵延千里的下游堤防多次加高培厚，依靠防洪工程体系、非工程措施和沿河军民的严密防守，扭转了历史上频繁决口改道的险恶局面，创造了黄河岁岁安澜的历史奇迹。

宝贵的黄河水利水电资源得到开发利用。金色的河水如甘霖雨露，滋润着中国 12% 的人口和 15% 的耕地。干流建成 18 座水电站，总装机容量 1226.54 万千瓦，为国家经济社会发展输送着光和热。

在广袤无垠的黄土高原水土流失区，筑坝建库，植树造林，阻截风沙，持续开展水土保持工作，综合治理面积达 21 万平方公里，平均每年为黄河拦减泥沙 3 亿吨。昔日千沟万壑的黄土地上，呈现出了绿色的希望。

黄河治理开发成就斐然，举世瞩目。然而，作为世界上最为复杂难治的河流，黄河仍然有许多未知的自然规律和大量难题，亟待人们去探索、去解决。

由于下游水少沙多，冲淤失衡，河道主槽淤积严重，"二级悬河"形势加剧，主流游荡多变，"横河"、"斜河"时有发生，直接威胁着两岸堤防，洪水危害依然是高悬在人们头上的一把达摩克利斯之剑。

随着工业化进程不断加快，经济总量迅猛扩大，黄河水资源供需矛盾凸现尖锐，沿河废污水排放量剧增，使水质污染呈持续恶化趋势，居民生活、工农业生产和流域生态系统受到严重威胁，黄河出现了空前的危机。

拯救母亲河，已成为当代中国人责无旁贷的天职！

进入新的历史时期，中国政府从可持续发展的战略高度对黄河治理开发给予了高度重视，作出了一系列重大决策。

1999 年 3 月，国家授权黄河水利委员会对黄河水资源实行统一管理和调度。

2001年12月国务院召开第116次总理办公会议,专题研究解决黄河重大问题。

2002年7月,国务院正式批复了《黄河近期重点治理开发规划》。

2006年7月,国务院颁布《黄河水量调度条例》,这是中国第一部大江大河水量调度行政法规。它的出台,为加强黄河水资源统一管理与调度,提供了有力的法律保障。

肩负神圣使命的黄河儿女,感到了一种无比重大的历史责任,时不我待,意气风发,义无反顾地踏上了新的治河征程。

面对全流域连遭特大干旱的严峻局面,黄河水利委员会统筹各方用水需求,强化管理,科学调度,使频繁断流的大河波澜再生,严重受损的河流生态系统得以显著改善。与此同时,多次实施跨流域输水,为天津、河北、青岛等地解除燃眉之急。黄河水资源统一管理与调度的成功实践,谱写了一曲又一曲绿色的颂歌。

为了加快黄河治理开发进程,黄河水利委员会适时提出建设"三条黄河"的治河措施。

原型黄河,就是自然界的黄河。防御洪水,处理泥沙,黄土高原治理,水资源管理与保护,一项项重大而紧迫的任务,既是"三条黄河"建设的需求来源,也是其最终归宿。

数字黄河,就是把黄河装进计算机。借助现代化信息采集、传输和处理手段,快速模拟分析黄河的自然现象,探索内在规律,为黄河治理开发与管理提供决策支持。

模型黄河,就是把黄河做进实验室。在黄土高原、控制性枢纽、重要河段以及黄河河口等地建成系列模型,通过不同的物理条件,模拟自然水沙运动,观测变化要素,提供治河方案。

"三条黄河",三位一体,互为作用,大大提升了黄河治理开发的科学决策水平。

2002年7月4日9时整,黄河首次调水调沙试验正式启动。

那一刻,随着小浪底水库闸门徐徐开启,黄白相间的"人造洪峰"喷薄而出,调水调沙从理论变为现实。

从小浪底水库单库运行,到干支流清水浑水配沙对接,从中下游水库群大尺度空间组合,到人工异重流塑造成功并排出库外,从不同类型的原型试验,到正式转入生产运行,连续7年的调水调沙,共将4.8亿吨泥沙送入大海,下游河道经过冲刷,主槽过洪能力由1800立方米每秒提高到3720立方米每秒。

字幕:经过2008年黄河第八次调水调沙,下游主河槽最小平滩流量增大到3810立方米每秒。八次调水调沙,共将5.4亿吨泥沙送入大海。

在我们居住的蔚蓝色星球上,有着无数的河川溪流。她们或汹涌澎湃或潺潺细流,以其独特的生命方式,哺育和滋养了丰富多姿的各类生命。河流所经之处,生灵跳跃,万物丰茂,文明永续。然而,当今世界范围内,河流自身却面临着空前的生存危机。河流治理的终极目标究竟是什么,黄河治理开发向何处去?

2004年,黄河水利委员会提出了"维持黄河健康生命"的治河理念,即:把"维持黄河健康生命"作为黄河治理开发与管理的终极目标;堤防不决口,河道不断流,污染不超标,河床不抬高,为体现这一终极目标的四个主要标志;该标志需要通过九条治理途径来实现;"三条黄河"建设是保证九条治理途径科学有效的基本手段。

在这一理念的引领下,治河理论、生产运行,河流伦理的研究与实践,相继深入展开。

为了有效控制黄河粗泥沙,黄河水利委员会提出构建"三道防线"的战略布局。对黄土高原水土流失区,实行"先粗后细"治理;在小北干流河段,通过引洪放淤,"淤粗排细";利用小浪底等干支流水库拦沙库容,"拦粗泄细",千方百计减少对下游河道造成危害的粗颗粒泥沙。

针对黄河水沙关系不协调的症结,构建以干流七大控制性工程为骨干的水沙调控体系,设计科学系统的联合调度运行机制,着力塑造协调的水沙关系。

根据国务院批复的《黄河近期重点治理开发规划》,黄河下游持续开展了标准化堤防建设。通过几年的艰苦奋战,防洪保障线、抢险交通线、生态景观线,从蓝图变成了现实。

遵循下游河道演变规律,立足现有180万滩区居民的现实,坚持以人为本,实行"稳定主槽、调水调沙,宽河固堤、政策补偿"的治理方略。

为了提高全社会对于河流生命的认识,黄河水利委员会发起创立河流伦理学说,主张承认河流本体价值及其基本权利,把道德关怀扩大到河流共同体,实现人与河流和谐相处。

是的,河流也是有生命的,呵护河流生命,就是呵护人类自己。展望未来,黄河治理与开发,任重而道远。让我们以全部的聪明才智和果敢行动,为维护黄河健康生命而奋斗!

黄河,中华民族的生命之河。愿您生生不息,万古奔流!

撰稿:侯全亮　刘自国

摄像:王寅声　李亚强　叶向东　李臻等

编辑:邢敏　张静　张悦

2008年黄河水利委员会形象片

2004 年 6 月 19 日上午,位于万里黄河最后一个出山口的小浪底水利枢纽,随着呼啸的激流喷涌而出,激动人心的"人造洪峰"来临了!

这是黄河连续第三次调水调沙试验,也是世界水利史上空间尺度最大的原型试验。历时 25 天,从晋陕峡谷的万家寨水库,到渤海之滨的大河入海口,在长达 2100 公里的河段上,巨龙翻滚,大浪淘沙,黄河下游河槽实现了全线刷深。

25 天,在自然和人类历史上,只是一瞬间。可是,对于让泥沙困扰数千年的炎黄子孙来说,这条令人牵挂的母亲河,却跨越了一个漫长的时代!

维持黄河健康生命

——河流伦理电视专题片

一、巨龙造物

在遥远的地质年代,华北平原只是一个巨大的海湾,海浪千年万年地拍打着太行山东麓的海滨。不知从哪一天开始,一条大河挟沙东下,沿着东亚大陆边缘上下纵横、左右游荡,永无休止地填海造陆。

世界上最大的黄土高原为这条河流提供着源源不断的泥沙。伴随水沙运动的伟大历程,海岸线一米一米地向前推进,由东经 114 度直到今天的东经 119 度。

到了西汉,这条位居百水之首的大河,有了一个独一无二的名字:"黄河"。从河到黄河,中华文明从此有了一个主色调。

是的,那个蓝色的巨大海湾不见了,取而代之的,是 25 万平方公里的扇形平原。

正是在这样一个不稳定的冲积扇上,中华文明获得了一个超稳定的生长结构。

从黄河中游出土的仰韶文化,到安阳殷墟发现的甲骨文,中华文明的第一缕曙光,就升起在河流的地平线上。

黄河带来的肥沃土壤,冰期过后的温润气候,吸引各个部族的人们从四面八方赶来,耕耘定居,繁衍生息。

于是,有了瓜田桑园,村舍集镇,宫殿园林,有了城市和交通,有了宿命般的决口与堵口,有了唐尧虞舜,四大发明,唐诗宋词,也有了逐鹿中原、问鼎江山的政治和战争。

古人说:河出昆仑,经中国,注渤海。作为东亚农业区的中心,"中国"、"中原"、"中土"正是古代黄河中下游的代名词。

中华文明就这样沿着黄河成长起来。多少年来,这是一条给中华民族带来机遇和福祉的命脉之河。在黄河的巨大怀抱里,中华民族闪亮登场,自立于世界民族之林。这是一个金黄色的时空舞台。

二、悬念长河

当然,这也是一条被称为"中国之忧患"的河流。

随着人口增多,铁器发明,耕地扩大,越来越多的泥沙沉积在下游河床上,越来越高的河床把洪水顶到了天上。于是,黄河有了第二个名字:悬河。

在黄河大堤与河床比高的危险竞赛中,败下阵来的总是站在大堤后面的人类。三年两决口,百年一改道。一个周期,一个亘古循环的周期徘徊在中国的腹地。人们习惯于把身边的这条大河视为心腹大患。

字幕:公元前602年至公元1938年的2540年中,黄河决口

1590 余次,大的改道 26 次。

后来就不同了。20 世纪后半期,随着工业化和科学技术的进步,随着高坝大库在上中游峡谷中矗立起来,人们坚信"圣人出,黄河清",并无所顾忌地喊出"征服黄河"的口号。洪峰在一天天坦化,电力快速增长,灌溉面积成倍扩大,洪水终于没了脾气。与此同时,河流变得乖戾无常,甚至奄奄一息,再也找不着原来的风光。

河流的造床能力被严重损害,泥沙大量堆积,河道畸形发展。根据测量,开封以下河段已全部演化为"二级悬河"。花园口以下河道主槽的过流能力由 20 世纪 80 年代的 6000 立方米每秒下降到不到 3000 立方米每秒,卡口河段只需 1800 立方米每秒就出槽成灾。

黄河进退两难:来水小了河道淤而不冲,增加"悬河"危机;来水大了河道又容纳不下,威胁滩区甚至堤防安全。

虽然黄河 50 多年岁岁安澜,但 20 世纪 90 年代后半期发生的一系列水旱灾害警示人们:无论下游、中游,还是上游,凡是流过冲积平原的河段,其河道形态都已经进入风险最大时期。

几十年来工程水利的治理模式正在接受现实的严酷拷问。

黄河何去何从? 一个跨世纪的斯芬克斯之谜。

三、蓦然回首

古往今来,自从人们遭遇洪水并发现了源源不断的泥沙对下游河道的影响以后,关于洪水和泥沙的去留,就产生了不同的治河思想和治河体系。

原始社会末期,大禹实施"疏川导滞",陂九泽,疏九河,定九州;

字幕:大禹 疏川导滞 陂九泽 疏九河 定九州

西汉末年,贾让提出治河三策,建议对黄河实施人工改道或分水放淤;

字幕:贾让　人工改道　分水放淤

北宋时期,任伯雨主张"宽立堤防,约拦水势";

字幕:任伯雨　宽立堤防　约拦水势

明清两代,以潘季驯为主的治河精英们大力实施"束水攻沙"。

字幕:潘季驯　束水攻沙

"束水攻沙",主要是通过缩窄河道横断面,增大流速,提高水流挟沙能力,从水平方向将泥沙输送入海。

"宽河固堤"则主张两岸堤防要远离主槽,保持较大的堤距,让洪水漫滩,为泥沙的淤积留足空间。

1953年,黄河水利委员会主任王化云提出"蓄水拦沙","节节蓄水,分段拦泥"。即通过水土保持和大量修筑干支流水库,把水沙一并拦截在高原上、沟壑中和水库里。

但是,三门峡水库蓄水运用后发生的严重淤积和回水倒灌,向既定的技术路线提出了挑战。王化云和治黄决策者痛定思痛,调整思路,一个新的治黄方略形成了。这就是用来防御洪水泛滥的"上拦下排、两岸分滞",用来解决泥沙淤积的"拦、排、放、调、挖"。

然而,上拦需要足够的库容,下排需要足够的河流动力。

怎样才能得到一种合理的河流动力和洪水过程呢?

一座又一座高坝大库的修建,使黄河90%以上的径流区得到控制,流域经济社会由于源源不断的动力而快速发展。但上游水位壅高,下游水量锐减,河道恶性淤积,也是不争的事实。

正是这些梯级分布的水库群,预留、储存和分解了天然河流的巨大活力。

解铃还需系铃人。能否通过这些水库能量的重新组合，调配出合适的水沙关系，塑造合理的"人造洪峰"，冲泥沙，拉河槽，为母亲河降血脂，树魂魄，起死回生呢？

四、调水调沙

调水调沙，就是实时调度上游来水和水库蓄水，对水沙关系进行人工重组，促进河流良性发育。

在许多人看来，这是一个带有幻想色彩的理想化方案。"拦、排、放、调、挖"，尽管五字方针已明确地写进了国务院批复的《黄河近期重点治理开发规划》，但唯独这一个"调"字始终蒙着神秘的面纱。由于空间尺度大，雨情、河情、水情瞬息万变，调水调沙试验充满着不确定因素。因此，很久以来，这几乎只是一个传说中的洪水过程。

从 2002 年开始，三年的尝试摸索，三年的狂飙突进，神话变成了现实。

这是世界上第一次在数千公里的河段上进行 1∶1 原型试验。黄河苏醒了，颤栗着，试探着恢复自己原始的野性。小浪底、三门峡、万家寨——像是一个个巨大的心脏起搏器，为河流机体鼓荡起生命的春风。在"人造洪峰"接二连三的盛情邀请下，数亿吨惰性泥沙先后启程，直奔渤海。

不同的雨情、水情产生了不同的调度模式，却共同创造着河流生命的奇迹。

2002 年，小浪底水库初试锋芒，就将 6640 万吨泥沙冲进大海。

2003 年，三门峡、小浪底、故县、陆浑四库联合运用。基于空间尺度，立足于"清水背沙"和洪水资源化，淤积在小浪底水库和黄河下游河道内的 1.207 亿吨泥沙被输送入海。

2004 年，小浪底、三门峡、万家寨三库接力调水，人工扰沙，人工塑造异重流,历时最长,空间尺度最大,亮点纷呈,试验的每一个阶段都充满了悬念。

其中最扣人心弦的是人工异重流的首次登场。

异重流是一种奇异的水流形式。当高含沙洪水进入水库库区后,由于密度差而潜入清水之下,如果后续动力足够,异重流将形成暗流向坝前推进。在 20 世纪后半期和 21 世纪初,人们曾经多次发现自然异重流过程。

大自然的启示恰逢其时,是否可以人为方式塑造异重流,从而减少多泥沙水库的淤积呢?

千呼万唤始出来,7 月 8 日 14 时 30 分,人工异重流终于现身于小浪底坝前。

通过位于底部的排沙洞,滚滚浊流五彩斑斓地喷出坝外,小浪底水库日益恶化的淤积形态得到初步调整。

为了充分利用人造洪峰的富余挟沙力,黄河人工扰沙清淤在下游两个卡口河段实施,冲淤扬沙,推波助澜。

连续三年调水调沙试验,为河道以及水库减淤排沙开辟了一条新的途径,黄河下游过流能力由 1800 立方米每秒提高到了 3000 立方米每秒。

它证明人工调控黄河水沙关系是有效和可行的,从洪水控制、洪水利用到洪水塑造,人与河流正经历着一种戏剧性的回归与提升。

从此,调水调沙将作为新世纪黄河修复的关键技术投入常规运用。在全世界针对高坝大库质疑的浪潮中,调水调沙对河流生命进行了创造性的补偿,也赋予了坝库以全新的内涵。

五、文明转型

在地球文明的早期,人类逐河而居,两小无猜,河流是人类慈祥的保姆,也是浪漫的小夜曲。

当暴风雨一次又一次降临生命的伊甸园,大洪水时代来了。在人类的集体记忆中,河流要么是威风八面的神灵,要么是十恶不赦的妖魔。

启蒙主义运动使人类告别了过去。在科学技术的帮助下,人的力量空前强大起来。人类坚信自己是万能的。在 20 世纪,几乎所有物种都成为人类掠食的对象。河流则更惨,既是掠食者的猎物,也被掠食者当成随心所欲的工具。

除了灌溉、发电、排污和提供淡水外,河流似乎不再具有审美价值,不再流淌史诗和音乐,不再是行吟诗人赞不绝口的抒情本体,更不再拥有哲学和宗教的终极价值。

人类对河流的利用早已突破了河流所能够承受的极限。

这是场以全人类名义对河流发起的历史性进军。黄河在劫难逃:断流,污染,水土流失,河道淤塞。很长一个时期,黄河甚至连输沙入海的流量都无法保障。

字幕:自 1972 年至 1999 年的 28 年间有 21 年发生断流。1997 年断流河段上延到河南开封,长达 704 公里,占下游河道长度的 90%。

河道状况急剧恶化。

母亲河危在旦夕,五千年文明的载体摇摇欲坠,对民族文化心理产生了极大的冲击。

字幕:1998 年,163 位中国科学院、中国工程院院士联合签名,发表了拯救黄河呼吁书。

黄河断流、长江洪水促使中国深刻反思,提出新的治水思路,从传统水利向现代水利转变,以水资源可持续利用支持经济社会可持续发展,实现人与自然和谐相处。

为了缓解江河断流的严峻局面,进入 21 世纪,中国政府在黄河以及西北内陆河成功实施了三河调水。

黄河水量统一调度,在黄河来水严重偏枯的情况下,连续5年实现全年不断流,初步扭转了20世纪90年代以来下游连年断流的趋势,濒临崩溃的河流生态系统得到初步修复。

发源于祁连山的黑河,连续4年实施统一调度,"全线闭口,集中下泄",阔别多年的黑河水重归干涸的居延海,日益蔓延的沙尘暴得到有效遏止。

新疆塔里木河多次从博斯腾湖向下游紧急补水,数百公里河道和两岸植被再现生机。

一曲曲绿色的颂歌回荡在东方大地。

继农业革命、工业革命的疯狂提速之后,历史突然转过身来打量自己。一次改变文明方向的转型就这样拉开了序幕。

六、生命之约

在地球—河流生命体系中,人类是唯一拥有理性的物种。人类因此可以认知和欣赏自然,也有能力开发和利用河流。但人类只是河流生命共同体的一员,在人类面前,河流并非只有义务而没有权利;而在河流面前,人类也决非只有权利而没有义务。

作为一种生命系统,河流既奇妙又普通,既顽强又敏感,既宏伟又脆弱。随着人类活动不断越界,河流却正在悄悄地远离我们的生活。

从小溪到巨川,从支流到干流,从内陆到沿海,曾经洁净万物的本源惨遭污染,曾经汹涌的江河纷纷干涸。

让我们的眼光越过黄河,听听世界上其他河流的声音吧。

在西方发达国家,一种新的理念正在变成现实。那就是:为河流松绑,与洪水共存,给河流以空间,与河流生态系统共享水资源。荷兰德尔伏特水利学研究所冯·贝克教授说:"河流的所有功能,包括它在生态系统中所扮演的角色,作为一种自然景观因素,以及作为文化传统的载体都必须予以考虑。"

而在发展中国家,人们也越来越多地认识到河流的内在价值。2000 年,巴基斯坦政府制定了《21 世纪国家行动框架》,旨在节水保流,保护印度河生物多样性和自然资源。

人类不应该成为河流的终结者。

河流既不是被人类征服的妖魔,也不是人类用来为自己谋福利的工具。

人类只是河流的儿女。河流以它所能够提供的一切来支持一代又一代人的繁衍,以及文明的成长。

但河流并非专门为了人类而存在。作为自然本体,河流系统具有独立的终极价值和普遍造物的权利,拥有完整性、连续性和保持基流的权利。

当维持河流健康生命被确立为河流治理的终极目标时,人类活动变得崇高和富有灵魂。已经到了这样一个历史的转折点,人类必须对长期透支生命的河流进行拯救和补偿。

维持黄河健康生命,表达着炎黄子孙对于母亲河必须履行的伦理义务。黄河要为庞大的生态系统和经济社会提供持续支撑,前提是自身必须具有健康的体魄。

创世纪第六日,上帝对人类说:我要你们生养众多,管理空中的鸟,陆上的昆虫,海里的鱼,地上的一切。

21 世纪第五年,人类对上帝说:我们要把生命的权利,还给赋予了我们生命的河流和大地。

人类第一次把河流的生命权,写在了新世纪的文明宪章,以及人与河流的契约上。

让我们重新开始!
人与河流,将共同迎来一个新时代!

撰稿:郎毛
编辑:张静 王晓梅 张悦 翟金鹏
文字整理:李臻
2005 年 10 月第二届黄河国际论坛播出

"三条黄河"工程

同期声:(黄河水利委员会 主任 李国英)现在我宣布,黄河首次调水调沙试验正式开始!

随着黄河水利委员会李主任宣布,黄河调水调沙试验正式开始的声音落下,小浪底水库出水洞群的闸门依次徐徐升起,喷涌而出的巨浪宛如群龙吐水,冲向下游河床。河水把小浪底水库中的泥沙送到大海中去,同时冲刷下游河床,减少淤积。这次试验是人类首次如此大规模地在原型河道上进行的调水调沙试验,它是实现黄河"堤防不决口、河道不断流、污染不超标、河床不抬高"这四个目标的重要科学手段。

然而,在原型黄河上进行这种规模的试验,需要投入大量的人力和物力,所以在做试验之前,科学家已经在另外两条黄河上做了充分的准备,这两条黄河,一条是数字黄河,另一条是模型黄河。数字黄河,是把黄河装进我们的计算机里,而模型黄河,是实验室中的黄河模型,它们和原型黄河一起被科学家称为"三条黄河"。

这"三条黄河"之间是相互关联、互为作用的关系。在实际应用中,通过对原型黄河的研究,提出黄河治理开发与管理的各种需求,利用数字黄河对黄河治理开发方案进行计算机模拟,提出若干方案。利用模型黄河对数字黄河提出的方案进行试验,提出可行方案。最后将可行方案在原型黄河实施,经过原型黄河实践,逐步调整稳定,确保各种治理开发方案在黄河上安全有效的实现。

小浪底水利枢纽,是治理开发黄河的关键性工程,它位于河南洛阳市与济源市交界处的黄河中游最后一个峡谷的出口,这个位置是承上启下、控制黄河水沙的关键部位。为了建设好小浪底工程,科学家在数字黄河、模型黄河上进行了大量的试验,研究在不同条件下库区的影响范围,降低水位冲刷水库的条件等各种问题。最终在不对下游河道造成负面影响的情况下,优化塑造库区淤积形态,使黄河下游的防洪标准提高到千年一遇,这一标准基本解除了下游凌汛的威胁,同时也确保了 20 年内黄河下游河床不淤积抬升。

同期声:(黄河水利委员会　主任　李国英) 原型黄河中,自然现象的重复性的几率比较小,对其观测和研究的周期比较长,而数字黄河和模型黄河,具有强大的对原型黄河中自然现象的反演、重复和模拟的功能,可以促使人们对黄河建立一个整体的和系统的认识,使我们尽快地找到黄河治理开发方案的最优方案;可以通过这个途径,来建立一套完整的科学决策机制,大大提高我们决策的效率,而且有效地避免决策的失误。

字幕:1994 年　小浪底水利枢纽开工
　　　1997 年　《黄河治理开发规划纲要》通过国家审议
　　　1998 年　《中华人民共和国防洪法》颁布
　　　2001 年　小浪底水利枢纽正式竣工
　　　2001 年　"三条黄河"概念提出
　　　2002 年　黄河首次调水调沙试验顺利完成

"三条黄河"的建设,必将改变我们的思维方式,提高我们的工作效率,全面推进黄河治理开发和管理的现代化进程,最终让古老的黄河长治久安。

编辑:刘昕　刘洋
制作:晓晗
执行主编:白扬
制片人:彭思
监制:王晓斌
文字整理:张悦
2002 年 9 月 CCTV－1《科技博览》栏目播出

模型黄河

主持人：观众朋友们大家好，欢迎您收看今天的《走近科学》。一提到模型，人们大概都会有这样一个概念，就是把实物的形状结构按照一定的比例进行放大或者缩小而制作出来的模具，像飞机模型、汽车模型、建筑模型等。我们今天的节目将给大家介绍的是模型家族当中的巨无霸，一个浓缩了中国第二长河——黄河的自然状况制作出来的模型黄河。多年来，它在探索黄河流域演变规律、研究治理开发黄河的关键技术方面都发挥了巨大作用，可以称得上是治理黄河的无名英雄。

黄河雄浑壮阔，气势磅礴，一声咆哮，蕴藏万军之力。黄河之水在中华大地上纵横驰骋，所到之处开山填谷，锐不可当。可谁能想到科研工作者们如今竟将壮阔的黄河请到了实验室里来。看，眼前这条淙淙细流就是经过缩微的模型黄河，它看上去很不起眼，既没有怒吼的波涛，也没有澎湃的气势。然而，这条小河却可说是那条大河的孪生兄弟，只不过它的身材有些娇小罢了。模型黄河可以微观展现黄河的一些自然规律，模拟出黄河的运动型态。多年来，科研人员正是通过它，来不断地认识和了解黄河，一步步地走进那条真正的黄河。

在模型黄河上，有一片紧靠着河边的温孟滩地区。在真正的黄河上，这里河道河宽水浅，水流散乱，有时河水摆动幅度过大，还会从河的一岸摆到另一岸，这种典型的游荡性河段极易危及两岸的滩区，是黄河中最难治理的河段之一。长久以来，这里一直是一片荒芜的滩地。

1987年，小浪底水利枢纽工程开工建设。水库建成蓄水后，库区的总面积将达200平方公里。大水将淹没河南、陕西两省十个县的 1.4 万亩耕地;20 多万居民需要异地安置,搬迁规模浩大。

同期声:(水利部小浪底水利枢纽建设管理局 移民局局长 袁松林)河南省是一个人口大省,农业人口占多数,土地资源非常有限。新安县涉及到的移民一共有 8 万人,有 56 个行政村。在本县安置根本没有这个容量,只有考虑出县安置。在河南选这样一块地方,就是安置 8 万人的一个地方,是非常有限的。

专家们经过认真调查,缜密分析,提出了一个大胆的设想,小浪底坝下 20 公里处的温孟滩面积广阔,土地肥沃,水资源丰富,很有开发利用价值。何不对它进行河道整治、土地改造,拓建新的居民区来安置新安县的移民呢? 这个设想虽好,但真正落实起来却十分艰难。首先,温孟滩河段游荡性特征给工程设计带来很多麻烦,此外,这些移民祖祖辈辈都生活在高山缺水的地区,基本上没有防洪抗洪的经验。如果要这些移民搬到黄河边上居住,他们在心理上就会缺乏安全感。

同期声:(移民新村村民)我们来温县这个黄河滩上看了以后,发现北边有蟒河,南边有黄河,思想确实有顾虑。到这以后害怕一遇到洪水,人就没有地方去了,跑也跑不出去了,都是大平原,没有地方去。群众当时情绪不高,不愿意往这来。

但是,为了保证国家重大水利工程的正常建设,这里的人们还是要离开祖祖辈辈生活的土地和家园。他们为了国家利益,为了服从大局,做出了巨大的牺牲。只有给他们一个安全舒适的生活环境,才是对他们最好的回报。这就需要规划设计出一个安全可行的工程方案,保证滩区不受洪水侵害,好让移民们来的放心,住的安心。

这项重任落在了河南黄河河务局的设计人员身上。通过对历史资料的综合分析,设计人员发现,尽管温孟滩河段河道宽达 9 公里,但实际上一般的洪水流路宽只需 2 公里左右。经过计算,他们决定在不影响洪水安全下泄的情况下,将河道宽度由原来的9公里缩减到2.5公里,然后在两岸修建53公里长的防洪堤,把河水牢牢地控制住,让它按规定的线路下泄。为了防止河水来回摆动,冲毁堤防,设计人员还根据河水的弯曲走势巧妙地布设10个弯形的控导工程,以弯导流,利用上一弯将水送到下一弯,如同传送接力棒一样来引导河水。这样一来,防洪堤就不易受到河水冲刷而损坏。

1993年,经过专家们的反复论证后,温孟滩河道整治规划方案全部设计完毕,然而,这一方案却没有立即投入建设。

同期声:(河南黄河勘测设计研究院 总工程师 曹文中)在实际运用中,洪水不一定能按照你的设计流淌。治河对这个河道有一个认识的过程,有很多东西总是感觉到心里可能还是没有多少底,或是说有些没有怎么说清楚。在这个情况下,我们就是想用另外的一种方式来验证一下这个整治方案,或是说这个治理方案合适不合适,哪些地方还有没有需要调整,是不是需要把这个方案更优化一些。

一想到成千上万移民的生命财产安全,设计人员不敢有丝毫大意,然而方案是无法拿到真正的黄河上去验证的,有什么办法可以事先检验出工程方案是否科学合理呢?设计人员想到了模型黄河。近年来,许多重大的水利工程方案都是借助它得以验证的。那么温孟滩工程方案是不是也可以拿到模型黄河上去验证呢?

同期声:(黄河水利科学研究院 副总工程师 姚文艺)最早开展黄河模型试验的是1923年,一个德国水利专家叫恩格斯。但是,由于当时黄河测验的资料比较少,再一个加上当时模拟河道的这种技术还不成熟,因此试验结果是不成功的。咱们国家最早是1956年到1957年结合三门峡工程的设计,开展大的黄河模型试验。可以这么讲,咱们国家关于高含沙或者多泥沙河流的这种模拟技术,目前来说在国际上还是处于领先地位的。

接到为温孟滩河道整治工程方案进行模型论证的任务之后,黄河水利科学研究院立即投入制作河道模型的准备工作中。黄河河水浑浊,河面开阔,怎么才能知道水面下的河道是什么样子的呢? 这就要依靠常年坚守岗位的水文职工们了,他们在温孟滩河段上设置了数百个测量断面,每天通过仪器对河道形态进行精确的测量,科研人员得到测量数据后,并没有直接按等比例对原型河道进行缩小。而是设计了水平 1∶600、垂直却只有1∶60 的比例,这又是为什么呢? 原来黄河中下游段河面开阔,主槽宽度通常在 2 公里左右,但河水深度一般却只有 2 ~ 3 米。如果将模型黄河在垂直方向上也设成 1∶600 的比例,那么模型黄河的水流就太浅了,这样就无法进行测量计算,也就不能达到对工程方案进行验证的目的了。

同期声:(黄河水利科学研究院 副总工程师 姚文艺)这个正态一般用于局部模型试验,就是说一个坝头,研究它冲刷的一些形态,范围比较小的一些局部,做成正态相对比较好一点,但是做成长河段的还是以变态相对比较合适一些。

缩放比例确定下来以后,科研人员自然就要为建造滩区与河道模型寻找其中泥沙的替代品了。由于比例的限制,如果直接选用黄河中的泥沙就太大了,科研人员经过研究最终选用了热电厂产生的粉煤灰。在河道模型制作的过程中,整治方案中的防洪堤和控导工程也严格按照比例铺设到河道模型上。为了使模型试验更真实、直观,在规划的移民安置区内,少不了也要摆放些房屋和树木。河道制作好了,河水又从哪里来呢? 我们溯游而上,原来眼前这个搅拌机就是模型黄河河水的来源了。当然,流出的河水也是要含沙的,科研人员通过数学公式计算的方法,以流量缩小约 30 万倍、含沙量缩小 1.8 倍的比例,调配出试验用的黄河水。不过,由于受到比例的限制,无论流量多大的洪水,在模型黄河上,都只能是眼前这样的涓涓细流。

为了检测河道整治工程到底能抵御多大的洪水,这次试验将设计的洪峰放大到1958年的流量,当年那场22000立方米每秒的大洪水在河南境内造成了60多个村庄受淹、9万间房屋倒塌、19万人受灾的惨剧。如今有了模型黄河,科研人员可以再现那令人惊心动魄的场面,看温孟滩整治工程能否在大洪水面前经得住考验,真正担负起保卫5万人民生命财产安全的使命。一切准备工作就绪,模型论证试验正式开始了,洪水直接冲向了温孟滩河段。在试验过程中,为了确保论证结果的准确性,在全程80多米长的温孟滩河段模型上,科研人员还设立了数百个测量断面,每个测量断面都有专人监控把守,随时随地地通过精密仪器对流经河水的流量、流速以及含沙量进行测量记录。现在洪水已经行进到温孟滩河段的中部,因为模拟河水的水流实在太小,科研人员无法单纯用眼睛直观地了解河水在河道内的下泄情况,所以在洪水行进过程中,洪水的走势、水流形态和控导工程边界上的细微变化都会被电子仪器精确测量并记录下来。从这一段记录显示来看,洪水在设计为2.5公里宽的河道内得到了有效的控制,并没有出现险情,这一结果令科研人员十分欣慰。在超大洪水的考验下,控导工程仍能充分发挥作用,说明河道整治工程方案是科学合理的。

在严密监控下,洪水继续按规定线路向下游行进。然而,就在即将走完全程时,从下游测量断面上传来信息,仪器测量显示,流经下游河道内的洪水突然出现了来回摆动的情况,个别滩地还出现了洪水上滩的失控状况。

同期声:(黄河水利科学研究院 副总工程师 姚文艺)主要就是工程,它这个平面的布设有一些局部问题不合适了。开始的时候呢,设计的这个弯曲半径在模型试验中发现有些过小,这就是说工程内勾比较厉害,内勾厉害出现什么问题呢? 就是上面水流来了之后,水流就上提到工程下游滩地上去了,这样对滩地的安全就造成了威胁。

针对试验中暴露出来的问题,科研人员对整治方案提出了具体的调整意见,方案设计人员接到调整意见后,立即进行深入的研究,对方案中的控导工程弯曲半径重新进行了计算调整。

四个月后,调整后的设计方案再一次拿到模型上接受检验。这次试验的条件同上一次完全相同,从这次洪水下泄的状况来看,洪水的主流在河道下泄过程中得到了有效的控制。控导工程弯曲半径的问题解决了。这时科研人员在控导工程长度上又发现了新的问题。

同期声:(黄河水利科学研究院 副总工程师 姚文艺)化工工程原来就是通过试验发现下延长度不够,当上面的水流过来以后,进入这个坝的位置靠下的时候,往往会出现贴着这个坝下滑,就走到这个地方来了。走到这个地方对这个围堤就造成了威胁。

设计人员根据这一意见,对方案再一次进行了调整,就这样,从1993年起,在长达6年的时间里,温孟滩河段整治方案一共经历了17种水沙条件的21次模型论证的试验,最后终于确定了下来。

同期声:(黄河水利科学研究院 副总工程师 姚文艺)因为每一次水沙条件不一样,出现的问题也不一样,从开始初步设计方案到最后推荐方案,前前后后每一次都要提出一些相应的修改意见,所以设计部门也是紧密地结合咱这个模型的试验情况来随时调整它的设计方案,最终使这个工程设计出来以后能够适应不同的水沙条件,达到既科学同时又合理。

温孟滩河段整治工程按照已验证的设计方案正式在黄河上开工建设了。经过一段时间的实践检验,河水在2.5公里宽的河道内基本按设定好的走势行进,10个弯形的控导工程正常发挥了以弯导流,上一弯将水送到了下一弯,防止河水上滩的作用,达到了设计人员的预期要求。这说明模型黄河对温孟滩河段整治工程设计方案的验证是十分成功的。

同期声:(河南黄河勘测设计研究院　总工程师　曹文中)从现在运行情况来看,这一段的河势还是比较稳定的,主流也得到了控制,摆动幅度被有效地缩短到 2.5 公里左右。这一段河段现在被大家公认是治理过以后的一个模范河段。在游荡性河段里,它的工程效果是非常明显的。

到目前为止,河南省新安县已经有近 4.3 万村民告别了世代生活的家园,举家迁往温孟滩移民安置区来。

同期声:(移民新村村民)住下来以后,每年夏天黄河来水时,我们都去河边看过,水面离那河堤高处还有两三米高,群众才逐步放心。

温孟滩地区常年受河水冲刷,淤积了大量的泥沙,土地十分肥沃,移民们对土地进行了改造并调整了种植结构,生活水平大大提高了。与此同时,人们还利用这里优越的地理位置和便利的交通,积极开展生产建设,进一步发展当地的农村经济。

对模型黄河的成功运用,不只是温孟滩工程一个事例。沿着模型黄河走下去,许多地方都有一段背后的故事。真正的黄河汹涌澎湃、桀骜不驯,然而,在实验室里的模型黄河却在不断地帮助人们认识黄河,了解黄河。它不仅能够解决移民区的设置问题,还参与了许多水利工程的建设论证工作,代替真正的黄河先来检验工程的科学与否。最近南水北调工程的规划设计也借助了模型黄河,南水北调的水要想穿过黄河而北上困难重重,是用架桥的方式将水从黄河上面引走,还是打隧洞让水从黄河河床下面流过去呢? 专家们希望能从模型黄河试验中找到答案。

同期声:(黄河水利科学研究院　副总工程师　姚文艺)因

为穿黄工程投资比较大，主体工程每公里就将近5亿元，所以它穿过黄河的长度是越短越好，这样可以节省大量的投资。但是，工程越短会对黄河的影响越大。通过模型试验，来研究这些方案，找到一个比较合适的长度。

目前，论证试验已在模型黄河上全面展开。有了以往的成功经验，在南水北调穿黄工程中，模型黄河也必将为设计人员提供一些重要的参考意见，保证工程的成功建设。

主持人：在2002年的黄河工作会议上，黄河水利委员会把模型黄河建设列为了重点工作之一，进一步发展和完善模型黄河体系，准备在几年之内逐步建成黄河问题的研究基地，把国内外更多的专家和学者吸引到黄河重大问题研究中来，促进治黄科技的进一步发展。我们相信，这条实验室里的黄河一定能够在未来的治黄工作当中发挥出更大的作用。好，观众朋友们，感谢您收看今天的《走进科学》，我们下期节目再见！

编导：唐慧
摄像：李红军
文字整理：刘柳
2002年CCTV－10《走进科学》栏目播出

数字黄河

主持人:朋友们大家好,欢迎收看今天的《走进科学》。俗话说的好:"不到黄河心不死",这句话一下就道出了古人想要见到黄河的迫切和艰难。其实就算是在今天,我想恐怕也有不少中国人没有亲眼见到过黄河。但是,在数字化的时代,事情似乎一下子就变得简单起来了。今天,我们的科研人员已经将黄河装到了计算机里,我们只要轻轻地点击一下鼠标,黄河就会跃然眼前。那么,科研人员是怎么把黄河装到计算机里的呢?下面我们就带您一起去看一下。

也许没有人做过这样的调查,世界上哪一条河人类为之付出的最多?哪一条河人类爱与恨交织的最多?又有哪条河人类为之思考和争论的最多?如果有,中国的黄河应当首屈一指。翻开史册,有关黄河的记载,除了史不绝书的泛滥成灾外,就是层出不穷的治河策略。多年来,人们对黄河长治久安的探索从未停止过。然而,黄河的许多规律,我们至今仍没有完全掌握。黄河的洪水威胁,依然是中华民族的心腹之患;泥沙的淤积和河床的逐年抬高,始终是黄河问题的症结所在。进入 21 世纪,黄河旧病未愈,又添新疾。随着流域内人口的迅猛增长,经济飞速发展,黄河水资源供需矛盾日益尖锐。干旱、断流又成为黄河面临的新问题。面对严峻形势,今天的治黄勇士们也从传统治黄向现代治黄转变,加紧制定新世纪治黄的战略部署。作为一项重要的信息化建设工程——数字黄河工程的启动,成为黄河治理开发和管理向现代化迈进的重要标志。

数字黄河,就是对自然界真实黄河的数字化虚拟,也可以说是把黄河装在计算机里。在信息技术飞速发展的今天,我们虽然已经在生活的各个领域感受到了数字化的神奇力量,但面对眼前这项要对桀骜不驯的黄河进行数字化处理的巨大工程,心中仍然充满了疑虑,为此,我们一起去仔细看一看。

置身于数字黄河,交互式三维视景系统宛如给我们插上了翅膀,使我们凌驾于黄河之上,自由地翱翔。时而掠过河面,时而转到大堤,时而又俯瞰滩区,你可以尽情地享受提速时的快感,又可以体验减速时的悠闲。选好了角度,你还可以随意地滞留于空中,聚精会神地看个究竟。如果你想瞧瞧某个堤防工程真实的模样,轻轻一点,立刻就跳出它的实景照片。飞到小浪底水库,瞬间我们就能进入地下厂房,看看各个机组的工作状态;如果还有兴趣,我们可以随机调出小浪底的库容、装机容量、蓄水量等信息资料,这一切都是科研人员参照自然界中真实的黄河数据进行的数字化虚拟。

同期声:(黄河水利委员会设计院测绘总队 高级工程师高庆军)黄河流域这么大的范围,怎样数字化呢?第一步,我们必须对黄河进行测绘,测绘黄河流域地图,测绘是地理信息获取的主要手段。目前的测绘方式主要依靠3S技术,也就是我们所说的全球定位系统、地理信息系统和遥感。在大范围内地理数据采集方面,主要采用数字摄影测量方法。首先,我们通过航空摄影,获取黄河的航空像片。

在这些高科技测绘手段的帮助下,科研人员可以迅速地将黄河流域地质、地理、水文工程等全方位的数据采集到数据中心的计算机内。然后经过处理编辑,生成黄河流域各种比例尺的电子地形图,以这张电子地图为基础,再结合三维动画技术,自然界中的黄河就被科研人员一点点地装进了计算机里。结合自然界中黄河治理开发的要求,数字黄河工程也相应建立了防汛减灾、水量调度、水量监控、水土保持、工程管理等六个应用系统。科研人员希望通过数字黄河上的六大应用系统,为自然界中黄河治理开发的各种决策提供技术支持。

同期声:(黄河水利委员会 副总工程师 朱庆平)数字黄河工程提出的一系列理念和实施的过程,是我们在以往基础上的进一步的升华。假如没有以前的基础,我们空提数字黄河也不现实。正因为黄河水利委员会的计算机网络系统,数学分析计算系统都已经初具规模,在这个时候提出数字黄河,就能把所有的信息数据进行整合和统一,实现数据的共享,计算的统一和规范。

经过一年多的建设,数字黄河工程已由蓝图走向现实,初具规模的防汛减灾和水量调度两大应用系统都已投入使用。那么,系统运行的情况怎么样呢?能达到科研人员预期的效果吗?

2003年6月,黄河汛期在即。为确保黄河能够安全度汛,黄河水利委员会决定将有记录以来黄河所发生过的洪水信息进行综合压缩,人为地设计模拟一场黄河特大洪水,以这场模拟洪水为背景,进行一次黄河防汛合成演练,全面检验一下防汛各部门在抗洪抢险过程中的快速反应能力,同时也借此对刚刚投入运行的数字防汛减灾系统进行一次综合的考试。看看在迎战这场模拟洪水的战役中,防汛减灾系统能否发挥它应有的作用。

同期声:(黄河水利委员会 副主任 廖义伟)报告准备情况,下面请各职能组上岗到位,立即进入演练状态。

随着总指挥一声令下,数字防汛减灾系统第一时间投入防汛战斗。此次防汛合成演练虽然只是在数字黄河上模拟进行,但模拟洪水的全部数据都必须来源于自然界黄河上的水情信息。这些水情信息主要由战斗在防汛第一线的水文侦察兵们来负责提供,然后再通过数字黄河的防汛减灾网络系统,在防汛各部门之间实时发布。

同期声:(黄河水利委员会水情处 处长 王庆斋)在侦察兵这一块,我们第一支是空中的侦察兵,主要由咱们的气象工作者所组成。也就是说,在降雨还没有形成之前,我们就要启动气象卫星和天气雷达,以及地面气象观测站的资料,对整个天空进行立体探测,发现整个天气变化的蛛丝马迹。

各种气象信息被收集到数字防汛减灾系统之后,经过暴雨模型的快速分析演算,会准确地预测出未来几天的黄河流域出现的降雨情况。

同期声:(黄河水利委员会水情处 处长 王庆斋)第二支侦察兵主要以地面为主,这支侦察兵主要由我们水情工作者组成,第一步就要用我们的一些气象预报的结果,来进行整个地面的洪水演算,给出一个大致的洪水量级的这么一个概念。

一旦降水开始,黄河流域上的各个雨量站、水文站在 30 分钟之内就能通过数字防汛减灾网络系统将各地具体的降水情况反映到预报中心。目前,小浪底到花园口之间的暴雨洪水预报系统能够提前 30 小时就精确地预测出即将出现的洪水流量、流速以及水位。这就为下游的抢险撤离工作争取了宝贵的时间。此次防汛减灾系统发布的模拟洪水警报内容是:中游潼关站将于 24 小时后出现 8500 立方米每秒的洪水,随后下游花园口地区也将受到特大暴雨的影响,出现超过 10000 立方米每秒的洪水。这两场洪水一旦汇合,必将严重威胁下游河道大堤的安全。此时,接到模拟洪水警报的总指挥部立即进入数字防汛减灾系统的四库联合调度程序,准备启动黄河防汛工程,全力拦截住中游的洪水,以削减下游河道防洪的压力。

同期声:(黄河防汛总指挥部办公室 主任 张金良)四库指的是黄河干流上的三门峡、小浪底两个大的水库,黄河支流上的故县水库、陆浑水库,这加起来一共四座水库。所谓联合调度,就是指根据每一场洪水的大小,分别通过科学的计算来确定每一座水库的拦蓄洪量和投入运用的时机,投入早了也不行,投入晚了也不行。

为了寻找各个水库拦蓄洪水的最佳时机,在数字黄河上,科研人员根据实时发布的洪水预报,可以提前进行多种方案的模拟调度运用,从中选择出最优的方案之后,再拿到真实的黄河上去实施,以确保防汛工程调度的万无一失。

同期声:(黄河防汛总指挥部办公室 主任 张金良)修这些水库的时候,它都有设计的目标,每一个水库都是放在整个黄河治理开发中间和防御洪水及治河总体的规划中间去考虑的。这些水库修建之后,如果不开发这些新的调度系统,那么,这些水库如何去运用,你心里是没数的。心里没数,决策就没有依据。

尽管通过四库联合调度可以拦截中游的洪水,但下游花园口河段即将出现的10000立方米每秒的特大洪水,依然会对滩区群众的生命财产安全构成严重的威胁。这时,总指挥部必须迅速做出决策,把即将受灾的群众撤离到安全的地点。可在这场模拟的特大洪水中,下游滩区到底哪里可能会受灾?究竟应当组织多少群众提前撤离呢?为最大限度地减少下游的受灾损失,在抗洪抢险方案的制定过程中,决策人员们各抒己见,争论不休。

同期声:(黄河水利委员会 副总工程师 朱庆平)能够提前一分钟做出决策,就提前一分钟做出决策。在防汛这个问题上,时间是最为重要的。你提前一分钟做出决断,提前半个小时撤离人口,我们的人员财产就可以避免蒙受不必要的损失。但是,要保证决策的正确,必须有最快、最真实洪水结果作为决策依据。所以,只有正确的决策依据,提供出来可信的计算结果,我们才能做出正确的决断。

形势紧迫,这时,数字洪水演进模型根据洪水预报信息数据,立即演算模拟下流河段可能受灾的情况。什么时间洪水演进到什么地方,哪个地方先淹,哪个地方后淹;进水以后水深有多少,这个滩区里面有多少人口需要撤离,哪段工程有可能出现险情等与防汛有关的重要信息都一目了然,非常直观地反映出来。

同期声:(黄河防汛总指挥部办公室 主任 张金良)洪水演进模型主要根据水动力学、泥沙动力学的原理,有关的数学公式,有关的经验,包括我们物理模型试验,或者是原型黄河的观测,这中间得出来的相关参数进行拟定以后,建立起来的这套数学模型。

有了洪水演进的具体结果,决策人员就可以从数据库中调出事先早已准备好的防洪预案,以这些预案的内容为参考,迅速通过电视电话会议系统,与河南、山东两省的防汛指挥人员共同商讨制定此次抗洪抢险的最佳方案。

同期声:(黄河防汛总指挥部办公室 主任 张金良)作为预案,它只是防御洪水的规则性意见。也就是说,来的洪水,你可以做一百种洪水的情况,但是,来的洪水绝对是第101次。为什么呢?因为后续来的洪水绝对不可能和前面已经发生过的洪水,或者你设想的情况一模一样。那么,这就需要在实施调度中间,须根据具体的情况来进行具体的判断和处理。

根据防汛总指挥部的指令,河南、山东两省的防汛部队火速赶赴抗洪第一线,一边组织滩区人员撤退,一边对可能出现险情的控导工程、险工堤段采取防护措施。就在前方防汛部队紧张忙碌时,一个模拟的意外险情突然出现了:受这场特大洪水冲刷,花园口东大坝上的一段堤防工程出现渗水现象,急需救援。这时,防汛大部队都在一线抢险,指挥人员一时间到哪里再去调动大量的防汛人员前去救援呢?危急时刻,数字工情险情会商系统挺身而出,在5秒钟之内就根据工作人员输入的险情地点,从数据库中自动调出10公里内所有机动抢险队,以及抢险物资仓库的具体情况,为快速指挥调度提供信息支持。

同期声:(黄河防汛总指挥部办公室 主任 张金良)如果没有这些现代化信息手段的话,决策起来是很困难的。这要靠指挥者的脑子里装了多少东西。比如说,有多少个仓库,哪个仓库里有什么东西,他要靠自己去记,而现在他也需要记,但更主要的是依靠这套平台——工情险情会商系统,他可以直接查到有多少资源,而且这个数量非常得准确,这就比过去要先进多了,让我们防御每一场洪水都能更加从容镇定。

接到救援指令的防汛机动抢险队以最快的速度向出险地赶去。与此同时,从附近仓库调拨的木桩等抢险物资和抢险工具也装车运往出险地点。汽车抵达出险地点后,几十名抢险队员就迅速投入到这场模拟抗洪抢险的战斗中,险情很快就得到了控制。

经过三天两夜的连续奋战,黄河首次防汛合成演练顺利结束。从降雨预报、洪水预报、四库联合调度到抢险救灾,数字化贯穿了防汛业务的整个过程。

防汛合成演练虽然结束了,但黄河上下紧张的气氛却丝毫没有缓解。因为多年来黄河的脾气一直是令人难以捉摸的。在七、八两月的汛期,流域内突然几场暴雨,它就有可能造成洪水泛滥,可一旦流域内降雨减少了,黄河又会立即出现严重的旱情,这听起来的确让我们觉得不可思议。

同期声:(黄河水利委员会 副总工程师 朱庆平)应该说,黄河这条河是非常有趣的一条河。我们说它既要防汛,又要抗旱,而且很多时候是防汛和抗旱两手都要同时作准备。一年365天,我们有可能300天在抗旱,或者进行水量的统一管理与分配,如果一旦分配不好的话,又会出现可能断流的情况。

今年六月以前,虽然科研人员还没有真正迎来黄河的大洪水,可他们所面临的严峻的抗旱形势却实实在在地已经持续了近一年之久。为使黄河有限的水资源得到科学合理的分配,数字黄河的水量调度管理系统可谓是立下了汗马功劳。

同期声:(黄河水利委员会 副总工程师 朱庆平)这套系统怎么运作呢? 首先,我们要看看山东和河南两个省上报的需水量有多少,我们能不能够满足它。假如我们满足不了,我们怎么样合理地给它分配呢? 首先保证它的生活用水,满足一定程度的工业用水,然后预留一部分农业用水。

接下来,调度管理模型会根据黄河每个季节不断流所必需的最小入海量,以及灌区内土壤的用水情况,自动生成多套水量调度预案。

仅制定科学的调水方案,没有严密的监控机制,方案仍然无法顺利执行。为此,科研人员在各地的引水工程上还安装了远程自动化监控系统,让调度人员坐在监控室里就可以随时了解各地引水情况,实时进行远程调度。由于今年数字水量调度管理系统的即时推出,科研人员最终完成了黄河大旱之年不断流的重任。

同期声:(黄河水利委员会 副总工程师 朱庆平)数字黄河工程是一个比较持续的建设过程。从现在来看,经过一年的建设,已经初现端倪,六大应运系统都在同步推进。数字防汛减灾系统和数字水量调度系统都已经建得比较好了,数字水资源保护和水土保持也在建设中,我们期望三年以后初见成效,五年以后基本得到完善。

数字黄河这一浩大的工程建设,意味着古老的黄河迎来一个全新的时代,它将大幅度地增强治黄战略部署的正确性、科学性、前瞻性,全面推进黄河治理开发和管理的信息化进程。最终让我们的母亲河长治久安,永泽华夏。

主持人:俗话说的好:"黄河宁,天下平。"谋求黄河长治久安是每一个炎黄子孙共同的心愿,在此,我们也期待着这条计算机里的黄河能够在未来黄河的治理开发当中发挥更大的作用。

好,感谢您收看今天的《走进科学》,我们下期节目再见!

编导:唐慧

摄像:李红军

文字整理:张琳

2002 年 CCTV – 10《走进科学》栏目播出

黄河首次调水调沙

主持人：观众朋友大家好，欢迎收看《走进科学》。七月的黄河再次受到世人的瞩目，这回不是由于洪水泛滥，也不是因为缺水断流，而是世界水利史上最大规模的一次人工原型试验。黄河首次调水调沙试验将在这里拉开序幕。这也是几千年来人类治理黄河的又一重大突破。为了让全国乃至全世界的人们都能目睹这辉煌壮丽的一幕，我们《走进科学》栏目的记者提前赶赴现场，调水调沙试验的整个过程将随着我们手中的摄像机永远地载入史册。

2002年6月27日下午，在河南省郑州市黄河水利委员会的指挥大厅内，李国英主任正式对外宣布，迄今为止，世界水利史上最大的一次人工原型试验——黄河首次调水调沙试验将于7月4日正式开始，现在试验的各项准备工作进入倒计时阶段。这次调水调沙究竟是一项什么样的试验呢？为什么在黄河上要调水调沙呢？我们《走进科学》栏目的记者带着诸多的疑问去寻找这背后的答案。

黄河是世界上泥沙最多的河流。它流经黄土高原，由于黄土的土质疏松，平均每年有近16亿吨的泥沙进入下游，本来水量就不充足的黄河，又背上如此沉重的泥沙包袱，更使它不堪重负。无奈，只能将约4亿吨泥沙遗留在下游河床里，使下游河床平均每年以10厘米的速度不断抬高，逐渐形成举世闻名的"地上悬河"。

同期声：(黄河水利委员会勘测规划设计研究院　副总工程师　洪尚池)随着河床的不断淤积抬高，人们就要修堤防来挡住它，堤防越修越高，淤积也越来越多。或者说淤积越来越多，堤防也就越修越高,形成了一种恶性循环。堤防越高洪水泛滥的压力也就越大。历史上,黄河多次泛滥改道,其中波及的范围南到江淮,北到天津,范围非常大。几千年来,咱们就一直想着怎么不让黄河淤积或者让它少淤积一点。

在黄河治理的过程中,人们发现,在一定的条件下,黄河的洪水也会对下游河道起到冲刷作用,把一部分淤积的泥沙带到海里去。早在明代,一位治河名匠潘季驯就提出了"束水攻沙"的设想,希望通过水的动力来冲沙减淤。这个设想好是好,可桀骜不驯的黄河哪肯任人摆布。作为一条水资源缺乏的河流,它要么长年干旱缺水,连最基本的人畜饮水都无法满足;要么洪水肆虐,给两岸居民带来沉重的灾难。所以,"束水攻沙"只能成为藏在治洪勇士们心中的梦想。

20世纪70年代,随着科技的发展,用水冲沙的想法又一次被提出。与从前不同的是,这次治黄专家们提出的是一个系统的调水调沙思想。具体设想是:在黄河上修建一系列大型水库,利用这些水库在黄河水小的时候存水,水大的时候统一调度指挥,人为地塑造出一种水沙比例理想的洪水,让这种"人造洪水"下泄后对下游河道进行冲刷,把一部分淤积的泥沙带进海里,从而达到维持河床不再抬高的目的。

小浪底水库的建成为调水调沙由理论走向实践提供了先决条件。于是,黄河上下数万名职工从2000年起,就为调水调沙精心准备,只等待小浪底水库在汛期蓄足水。可谁知天公不作美,连续两年黄河流域旱情严重,宝贵的水库存水要拿来救命救庄稼,试验计划只得被迫停了下来。

同期声:(黄河水利委员会勘测规划设计研究院　副总工程师　洪尚池)去年也是练过兵,最后没成,因为没那么多水。当时我们就想,上面来点水,水库存点水,搭配起来往下走,结果上面没来水,水库存的水又不够,只能放弃。

2002 年,他们迎来了筹备调水调沙试验的第三个年头。面临同样的目标、同样的风险,试验能否顺利进行,仍然是一个未知数。6 月 24 日,为了最大限度地保障试验用水,三门峡水库接到调度指令,牺牲发电效益,所有蓄水全部下泄到承担这次调水调沙重任的小浪底水库中。到 6 月 29 日为止,已经向小浪底水库补给 3 亿立方米的水量。

字幕:6 月 30 日:进入调水调沙试验倒计时第 4 天

今天,小浪底水库的蓄水量为 44 亿立方米,目前水量相当充足。

同期声:(小浪底水力发电厂监测中心　主任　邱文华)今年的水位比往年的水位大概要高 10 米左右,水量比较大,具备调水调沙的这么一个库容。在调水调沙期间,预计要下泄 14 亿立方米的水,水位预计下降 15 米,一天要下降 1.5 米至 2 米。

根据指挥部的调度命令,7 月 4 日,小浪底这个蓄水池要制造一个流量在 2600 立方米每秒、含沙量约 20 千克每立方米、持续时间不少于 10 天的洪峰。届时,这里将出现"人造洪峰"的壮观场面。那么调节"人造洪峰"的这些数据是怎样得来的呢?专家们对黄河从 1960 年起的几百场洪水记录进行分析,从中发现一个输沙规律:当黄河下游洪水流量超过 2500 立方米每秒时,河道淤积不但不严重,反而还会出现冲刷河道、带沙入海的现象。于是,根据这个输沙规律,在首次调水调沙试验中,专家们决定将"人造洪峰"控制在流量 2600 立方米每秒、含沙量 20 千克每立方米。

同期声:(黄河水利委员会勘测规划设计研究院　副总工程师　洪尚池)黄河水是宝贵的资源,它不仅仅用于冲沙,人们还要吃,农田还要灌溉,工业还要用水,因此,有限的水资源要充分满足它各方面的功能。我们需要既能输沙,又不能水太大,这是一个想法。第二个想法,我们既要造大水,还不能人为造成灾害。

试验制定的"人造洪峰"调节方案是否能冲刷下游河道,虽然现在还是未知数,但专家们的试验目的已十分明确:一定要严格控制"人造洪峰"的流量和含沙量,找出黄河下游不淤积的临界流量和临界时间。2600立方米每秒的流量在黄河上虽然算不上是大洪水,但持续十天时间的洪峰也极有可能发生一些意想不到的情况,所以必须提前精心备战。

字幕:7月1日:进入调水调沙试验倒计时第3天

为了确保千里堤防在试验期间万无一失,参与试验的各单位和防洪部队指战员们已经按照试验指挥部的命令全线进入24小时警戒状态。为确保人民生命财产安全,小浪底库区严格规定:库区内禁止各种旅游和民用船只进入。防洪部队全部登上巡逻艇,实行拉网式检查。所有泄水建筑物都要实行全面维护检查,防止试验期间出现险情。

与此同时,黄河下游为防止出现洪水直冲大堤的情况,各险点险段也已经开始利用石块加固堤坝,做好抢险准备。

字幕:7月2日:进入调水调沙试验倒计时第2天

为了试验后可以获得"人造洪峰"冲刷河床、挟沙入海的准确数据,从现在开始,水文职工要赶在试验前对小浪底库区至入海口近1000公里的下游河道进行原始测量,像水的流速、流量、含沙量以及河道淤积的具体情况等,水文观测人员都要进行详细的记录。

试验的目的能否实现,可以说水文战线的职工将起到至关重要的作用,除了观察组以外,还有一个已经连续作战多日的预报组,正在为试验指挥部提供调度依据。

同期声:(黄河水利委员会水文局 局长 牛玉国)调度主要依据天气、降雨、上下游来水包括来沙,以及下游洪水传播过程中一切信息和情报。这个预报非常重要,就像打仗一样,我怎么样打？什么地理位置？什么地形？包括未来天气会不会有雨？这都是预报组所要提供的。

到目前为止,记者看到,参与试验的各单位都已准备就绪,只待前方一声令下。

同期声:(黄河水利委员会三门峡水利枢纽管理局　副局长　刘红宾)到目前为止,各项准备已经非常充分,只要接到上级的调度指令,就立即可以进入调水调沙运用程序。

同期声:(黄河水利委员会　副主任　廖义伟)黄河水利委员会各有关单位,大河上下数千名职工,都已经做好了充分的准备。

同期声:(黄河水利委员会水文局　局长　牛玉国)我们全体水文职工,也已经进入倒计时,进入一级战备状态。

字幕:7月3日:进入调水调沙试验倒计时最后一天

今天,距离调水调沙试验只剩下24小时,指挥部召集试验前最后一次会议,商量明天小浪底水库具体的放水方案。忽然,从会场外水情预报组传来消息,从卫星云图显示,2002年5号台风正在迅速向偏北方向靠近。

同期声:(黄河水利委员会水文水资源信息中心　主任　王庆斋)这个台风是29日在西太平洋洋面上生成的,也就是在菲律宾以东的洋面上生成的。它同时生成两个台风:5号台风和6号台风。两个台风的移动路线非常怪异,根据我们对历史资料的普查,两个台风同时出现的情况,它的情况非常复杂,很难对它做出一个准确的预测。

历史上,黄河流域大的降雨基本上都是有台风的参与或是受台风的影响,像1958年、1982年、1996年的大洪水。那么,一旦黄河流域受到5号台风的影响,部分地区出现比较大的洪水,那该怎么办呢?

同期声:(黄河水利委员会水文水资源信息中心　主任　王庆斋)我们根据预案,将立即终止调水调沙试验程序,启动黄河防汛工作程序,转入黄河防汛工作状态。整个黄河上下都要全部动员起来,投入紧张的防汛工作中去,也可能今年调水调沙程序实现不了,然后把这项工作留在明年来进行。

精心准备了三年,难道又由于5号台风而功亏一篑了吗?一年辛勤准备又要付诸东流了吗?面对突发的情况,总指挥部决定原计划暂时不变,但从现在起各单位做好应变的准备。

入夜,果真下起了大雨。

字幕:7月4日　凌晨4时　5号台风偏南登陆　险情已过去

上午9时,试验按原计划进行。

同期声:(黄河水利委员会　主任　李国英)我宣布,黄河首次调水调沙试验正式开始。

同期声:(工作人员)调试工作准备就绪,准备启门。

同期声:(工作人员)接到指令,开始启门。

同期声:(工作人员)三、二、一。

130公里外的小浪底水库调度室,按照设计好的流量和含沙量依次启动处于不同位置的明流洞和排沙洞的闸门。

清、黄两种颜色的水流怒吼着冲向黄河下游河床,从而拉开了世界水利史上最大规模人工原型试验——黄河首次调水调沙试验的序幕。

调控流量2600立方米每秒的"人造洪峰"将从小浪底水库出发,途经河南、山东两省,行程900多公里,最终注入渤海。从这一刻起,它将在沿途7个水文站严密监视之下走完全程,这次试验最终能不能达到专家们预期的设想,冲刷河道,挟沙入海呢?让我们拭目以待!

7月5日上午9时36分,"人造洪峰"按计划顺利通过第一个重要控制点——花园口水文站。与此同时,一个令人紧张的消息也传到试验指挥部,受黄河中游降雨影响,一场高含沙洪水已经形成异重流,目前正向小浪底水库方向行进。它的到来将直接破坏"人造洪峰"严格控制的排放清水的标准,可能导致试验方案无法正常进行。

简单地说,异重流叫分层流,就是当比重明显偏大的高含沙洪水进入水库后,与比重小的清水相遇,高含沙水流由于密度大,比清水重,自然潜入清水下面运行,形成清水在上、浑水在下的运行方式。

同期声:(黄河水利委员会勘测规划设计研究院 副总工程师 洪尚池)异重流在水底下走,走到坝前以后,它由一个动能转化为势能,我们叫爬高,就是异重流碰到了阻力以后,这个动能变成势能,它要往上爬。假如这种含沙量比较高的异重流要爬出去,你就控制不了出库的含沙量。

异重流一步步逼近小浪底水库,调水调沙试验遇到了极其严峻的考验。

同期声:(黄河水利委员会 总工程师 陈效国)怎么办?你是叫它含沙量加大,还是按照原来的设计含沙量控制?最后大家还是维持了原来的调度方案。

按照既定方案,指挥部采取行动,实行三门峡、小浪底水库联合调度,三门峡水库抬高水位,让异重流的势能损失一些,必要时堵截异重流,让它不能连续,没有后续部队。这样,它走到小浪底坝前也就没有多大的劲儿爬高了。然后小浪底水库再通过关闭下面的排沙洞,来降低出库水流的含沙量。

7月6日,经过水文职工对水流含沙量、流量、流速的测量结果显示,"人造洪峰"安全渡过异重流这一难关,顺利向下游行进。在试验过程中,下游7个水文站每天早晚都要进行两次详细的测量工作,并将测量结果传递到指挥部。试验结束后,专家们将根据这些跟踪的数据,对"人造洪峰"冲刷河床的具体结果进行验证。

7月7日,从山东黄河入海口传来消息,原定今日抵达的"人造洪峰"未能如期到来,工作人员刚刚平静下来的心又悬了起来,难道又出意外了?

7月8日上午8时,"人造洪峰"在测量人员痴痴的等待中,终于进入了山东河段。一进入山东,洪水很快大面积漫滩,河道工程也开始出现险情。

同期声:(黄河水利委员会 总工程师 陈效国)没有想到这个河段阻水这么厉害。我们初步分析,主要就是两条。一是,在这几年当中,下游河段汛期基本没来大洪水,长期小水把河南段的泥沙冲走以后,基本上都淤到山东河段。另一个是,这几年水太小了以后,老百姓就在河里面、在内滩里面种地。这些庄稼都比较阻水,糙力比较大。也就是说,水流阻力比较大。因此,阻力大以后,水位就抬高了。

针对紧急情况,指挥部立即调整方案,指示山东段立即拆除全部39座浮桥,排除沿途所有障碍物,确保河道畅通无阻。

7月9日,险情得到控制,"人造洪峰"按计划行进。

7月11日,"人造洪峰"的水头经过8天的跋涉,顺利抵达入海口。

7月21日凌晨4时,"人造洪峰"全部进入渤海。至此,历时18天,下泄水量15.9亿立方米的黄河首次调水调沙试验第一阶段工作全部结束。

调水调沙跨越了几代治黄人的梦想,今天终于真实地呈现在黄河之上。这次试验,不仅是对现代水利和治黄高科技的大检阅,更是传统治黄精神在新时期治水理念指引下的一次集中展示。

字幕:8月10日上午9时,黄河水利委员会召开新闻发布会,宣布黄河首次调水调沙试验的分析结果。经过对试验数据的详细分析,在这次试验中,河南段河道淤积的泥沙被冲刷下去0.52米,山东段河道淤积的泥沙被冲刷下去0.20米,首次调水调沙试验期间,一共冲刷6640万吨泥沙进入渤海,黄河首次调水调沙试验取得了圆满成功。

主持人:好,观众朋友,感谢您收看今天的《走进科学》,我们明天同一时间再会!

编导:周俊 唐慧
摄像:李红军
文字整理:王寒草
2002年CCTV-10《走进科学》栏目播出

当万里黄河穿越历史的时空进入 21 世纪的时候,已取得 50 多年岁岁安澜的治黄人还在夙兴夜寐地寻找着黄河长治久安的万全之策。从"三条黄河"建设到维持黄河健康生命,一个个治黄新理念相继出台并付诸实施。作为铸造黄河安全屏障的重要举措,黄河标准化堤防建设正在黄河岸边如火如荼的展开。

构筑千里黄河安全屏障

黄河标准化堤防工程是新阶段黄河治理的一项战略工程,是确保黄河长治久安的根本大计。是黄河水利委员会党组 2001 年 11 月 29 日,面向新世纪做出的重大决策。让我们来看看什么是标准化堤防? 大堤顶部帮宽至 12 米,其中硬化宽度 6 米,路两旁为整齐的行道林,临河是 50 米宽的防浪林带,背河是抽沙放淤的 100 米宽淤背区,上面广植生态林。按照这一规划建成的下游标准化堤防,将大大增加黄河下游的防洪安全,同时也将改善黄河下游两岸的抢险交通和生态环境,构造出黄河下游防洪保障线、抢险交通线和生态景观线。

宏观的构想不排斥理性的争论。关于标准化堤防的建设标准和堤防段落的选择,人们提出了疑问。为此,黄河水利委员会专门召开标准化堤防座谈会,讨论标准和堤防段落选择问题。还专门召开主任办公会,专题研究标准化堤防建设规划。经过激烈的讨论,统一了建设标准,即:堤防级别为一级,防洪标准以花园口站洪峰流量 22000 立方米每秒为设计防洪标准。工程内容包括:堤防加高帮宽、放淤固堤、险工加高改建增建、堤防道路、防浪林、生态林、防汛道路、堤防管护设施等八个方面。在确定标准的同时,堤防段落的选择也在争论中逐渐明晰。

黄河水利委员会最终决定标准化堤防一期工程建设主要集中在黄河南岸,河南省内是郑州与开封河段,长度为 159.2 公里;山东省内为菏泽东明河段与济南河段,长度为 128 公里。建设时间为 2005 年底,力争 2004 年完成一期工程。2005 年开始北岸建设,预计到 2010 年全部完成。

现实逼出的多赢良策

作为一个造福后代的重大工程,黄河标准化堤防工程是以严峻的防洪形势和防洪保安全的严格要求逼出来的一项必要措施。

为什么要建设标准化堤防呢? 还要从小浪底水库说起。作为调节黄河下游防洪的重要枢纽控制性工程,小浪底水库建成后大大提高了黄河下游抗御洪水的能力。但是,黄河下游河道依然是洪水行进的唯一通道,两岸大堤仍然是防洪的重要屏障。而在民埝基础上建成的大堤堤防隐患多,质量差,洪水时造成大堤管涌、渗水等险情仍然存在,而且黄河下游游荡性河势还没有根本改变,在"滚河"、"斜河"、"横河"的情况下很容易造成灾害险情。

小浪底与花园口之间还存在 2.7 万平方公里的无工程控制的暴雨区。如果遇上洪水,即使充分利用中游水库联合调控,花园口站仍将发生 15700 立方米每秒的洪水,这对堤身单薄的大堤绝对是一个严峻的考验。小浪底水库的运用条件,决定了它不可能拦截所有洪水。按照设计要求,对于 8000 立方米每秒以下的洪水不能拦截,以维持小浪底水库正常的使用年限。近几年发生的几场洪水,进一步证明了标准化堤防建设势在必行。

1996 年,花园口站发生 7600 立方米每秒的洪水,下游堤防出现大量险情、灾情,使人们认识到加强黄河堤防建设的必要性。当 2003 年秋天的那场洪水汹涌而过之后，下游大堤特别是山东东明段出现的多处渗水险情，对加快并尽早完成堤防标准化建设提出了迫切要求。如果黄河大堤真正建成标准化堤防，就会基本消除花园口千年一遇洪水漫决和溃决的危险，为实现下游防洪和维持黄河健康生命提供基础设施保障。而且标准化堤防的建设对于改善黄河下游两岸的生态环境，有效开发利用两岸资源，促进区域经济发展都具有非常重要的意义，是一个多赢的局面。

所以，当黄河水利委员会就标准化堤防建设与豫鲁两省沟通交流时，两省都表示积极支持这项工程建设。一场大规模的黄河标准化堤防建设在各方的共识中拉开大幕。

凝聚各方心血的工程

2002 年 7 月 19 日，随着工程建设的第一个项目——邙金局放淤固堤工程开工，黄河标准化堤防建设进入实施阶段。黄河标准化堤防建设过程凝聚各方心血，黄河水利委员会党组对黄河标准化堤防建设十分重视，李国英主任多次主持主任办公会，专门讨论工程规划及建设问题，他还经常到工程建设一线了解工程进展情况和存在的问题，并及时反馈给河南、山东两河务局，要求两河务局采取措施解决问题；其他委领导也多次亲临河南、山东标准化堤防建设一线，了解调研，发现并解决问题。为加快标准化堤防建设，黄河水利委员会把堤防建设任务列入年度目标任务进行考核，明确奖惩措施。在工程建设中，加强督促检查工作，建立完善工程施工各种报告制度，对工程实行动态管理，随时研究解决施工中出现的问题，确保工程进度。

2003 年，由于秋汛带给黄河人的警示，加快标准化堤防建设的议案被提上日程。

在2004年的全河工作会上,李国英主任代表黄河水利委员会党组作出了强力推进标准化堤防建设的指示,要求河南、山东两河务局精心组织,集中力量按时完成第一期工程建设任务。

2004年1月15日,注定要成为黄河标准化堤防建设过程中具有里程碑意义的日子。这一天,黄河水利委员会与河南黄河河务局、山东黄河河务局签订了"军令状"。要求两局在保证工程质量和资金安全的前提下,按时完成第一期黄河标准化堤防建设任务。

河南、山东两河务局上下同时感到了巨大的压力。工期紧,工程量大,标准要求高,各段的标准化堤防建设能否如期竣工成为一个最大的未知数。面对困难,两局采取超常规、跨越式的工作方式,把标准化堤防建设作为全局工作的重中之重。局长亲自挂帅,其他局领导分段负责,并派出工作组深入施工一线,与承担建设任务的市局签订了责任状;进一步完善质量体系,来确保工程建设质量;实行应急工作调度机制,特事特办,拉开了大规模建设的序幕。他们算时间账、算任务账,优化施工方案,倒排工期,科学调度,千方百计加快工程进度。有许多施工单位放弃春节假期,提早进入施工现场,冒着刺骨的寒风和飞舞的大雪,踏着冰封的河面开始紧张的工作。山东济南、菏泽两个市河务局广泛开展了以比工程质量、比施工进度、比安全生产、比文明施工为主要内容的劳动竞赛活动,有力地促进了标准化堤防建设的顺利进行。劳动竞赛大大激发了建设者的干劲,济阳7号吸泥船在输沙距离2600米下创造出最高日产5400立方米、月产13万立方米的成绩。

同期声:(施工队　队长　刘新海)我把任务分解到每个班组,落实到每一个小时,昼夜施工。我们总结以往的机淤生产经验,集思广益,对船只进行了技术改造。还有最重要的一点,我认为我们得益于有一个团结的整体和黄河人吃苦耐劳的精神。

河南郑州的施工大会战波澜壮阔。面对 4 月底必须竣工的工期,郑州惠金局全员实行零休息日制度,昼夜施工赶进度。黄河邙金段参建单位精心组织 600 多台(套)大型机械施工的大会战。施工工地上机声隆隆、彩旗飘飘,机械穿梭、井然有序。

7 标段是整个施工工地的缩影。7 标段测量负责人弓小翠,一个 23 岁的女孩子,是 7 标段唯一的女性。在工程施工的几个月中,她和男同志一样坚守在工地。

同期声:(郑州惠金局　测量技术人员　弓小翠)工程工期特别短,昼夜施工,测量放线又是一项随时都要做的工作。在工期最紧张的时候,每天晚上大概也就休息三四个小时。

7 标段技术负责人张建永母亲病重,家离工地仅十几里的路程,但他三个月没有回过一次。当母亲处于弥留之际,他才发疯般地赶到家见了母亲最后一面。

同期声:(郑州惠金局　职工　张建永)我们全家都是治黄人,我也是治黄人一员。建设黄河标准化堤防是我应尽的义务和职责,我不后悔。

正是在郑州惠金局众志成城的拼搏下,4 月 28 日,郑州惠金段标准化堤防全线竣工。李国英主任欣然带领黄河水利委员会党组成员到现场检查,并现场嘉奖郑州市黄河防洪工程建设管理局。这是对郑州惠金段建设者的嘉奖,更是对黄河标准化堤防建设者的激励!

拆迁——难啃的硬骨头

说标准化堤防建设难,难就难在拆迁上。黄河下游两岸人口密度大,土地资源不丰富,特别是城区更是寸土寸金。标准化堤防工程永久占地 3.3 万亩,再加上工程用地,挖压征地任务相当艰巨。工程建设要迁安人口 2.6 万人,拆迁房屋 75 万平方米,这些直接关系到广大农民的根本利益。所以说,挖压征地和移民搬迁是关乎整个工程能否顺利进行的关键。

4 个建设单位更是把大量的时间和精力放到拆迁上。中牟县标准化堤防建设是黄河标准化堤防建设项目中涉及拆迁面积最大、搬迁人口最多的县河务局。中牟县河务局采取与地方政府紧密配合、与农民交心,在群众中树立了自己的公信力,保证了拆迁的顺利进行。所有拆迁工作于 5 月中旬顺利完成,为工程施工赢得了充足的时间。

5 月 25 日,河南省省长李成玉在听取中牟县标准化堤防建设拆迁工作汇报时高兴地说:"你们工作做得很细、很扎实,既为工程施工创造了一个好的环境,又让群众看到了工程建设所带来的长远好处,不错!"

河南开封市河务局为了早日完成房屋拆迁任务,将拆迁任务明确到工作组,责任到段,逐村逐户做工作,发现问题及时解决。拆迁任务的完成为开封标准化堤防建设全面开工打下坚实基础。济南把突破口放在槐荫,把关键点放到拆迁上。为打好槐荫拆迁这场攻坚战,市河务局领导高度重视,在全局范围内抽调了具有丰富基层经验的精干力量前往,深入村户做工作。

济南市历城区地处城区,各方面问题复杂,是块硬骨头。该局局长吴家茂不得不拿着省长的批示,逐级找区、镇、村,从而引起了各级地方政府的重视,并采取有效措施攻下了拆迁难关。

同期声:这是拆迁的通知书,这里面记着你的房屋、树木和围墙以及你的整个附属物的项目,按照这个就可以到乡财政所领取拆迁补助金。

记者:您对这个满意吗?

农民:满意。

记者:你们是从黄河大堤边上搬迁过来的吗?

农民:是啊,是刚搬迁过来的。

记者:赔偿款你们拿到了吗?

农民:拿到了。

记者:你对这个新盖的房子满意吗?

农民:满意,满意。

在广大建设者夜以继日的努力拼搏下,备受各方关注的黄河标准化堤防建设取得了极大进展。截至5月30日,两省已迁安人口22273人,拆迁房屋81.4万平方米,完成土方5949万立方米、石方41.92万立方米,完成建设项目56个。

山东济南泺口至郑州花园口地段标准化堤防已经矗立在黄河岸边。

字幕:坦桑尼亚总统参观考察黄河标准化堤防

行走在这里的黄河大堤上,抬眼望去大堤巍峨,道路平坦,绿树成荫。黄河标准化堤防这一宏伟构想,由计算机中的三维动画变成了眼前活生生的现实。

水利部部长汪恕诚十分关注黄河标准化堤防建设。6月29日上午,考察治黄工作的汪恕诚部长冒着酷暑专程到郑州花园口查看标准化堤防建设。他对黄河水利委员会上下艰苦奋斗、全力以赴建设标准化堤防的实际行动给予了高度评价。他说:"正在开展的标准化堤防工程建设,是为治黄建立起的最后一道防御洪水的屏障!"

尾　声

黄河,中华民族的母亲河。

黄河大堤,中华民族的伟大工程。

作为呵护母亲河的水上长城,黄河标准化堤防全线建成后,巍峨的大堤和坚固的石坝,成为母亲河依偎的坚实臂膀。大坝上郁郁葱葱的树木是她的秀丽新装。我们相信,穿上新装的黄河母亲,一定能恢复她本来的静谧和安详,继续哺育着华夏儿女,哺育着屹立世界东方的中华民族。

撰稿:项晓光

摄像:叶向东 李亚强 陶小军 吕应征

编辑:王晓梅 张悦 翟金鹏

文字整理:李臻

2004年7月黄委委务工作会议播出

黄河大调水

黄河,中华民族的母亲河。

她九曲百转、汹涌澎湃、一泻千里、奔腾入海,以博大的胸襟孕育了五千年光辉灿烂的华夏文明。

作为我国西北、华北的重要水源,黄河以其占全国河川径流2%的有限水资源,承担着本流域和下游引黄灌区12%的人口和15%的耕地及50多座大中型城市供水任务,同时还要向流域外部分地区远距离供水。

一条流金淌银的河流滋润着两岸大地、华北平原,带给人们丰收的喜悦和绿色的希望。

然而,随着经济社会的迅猛发展和人类活动的加剧、黄河流域枯水期的延续及黄河水的无序利用,黄河水资源供需矛盾日渐突出,乃至出现断流的伤痛。

1972年至1998年的27年中,有21年下游出现断流。进入20世纪90年代,黄河几乎年年断流。1991年至1998年,平均每年断流100天以上。断流最严重的1997年,全年共出现13次断流,累计断流时间长达226天,河南开封以下700多公里的河床一如平川。留下的只有诗人笔下"黄河之水天上来,奔流到海不复回"的遥远记忆。

因为断流,黄河主槽萎缩,淤积加剧,过流能力显著下降,黄河下游河道形态已经恶化到历史上最危险的程度。

因为断流,黄河三角洲湿地萎缩近一半,鱼类减少40%,鸟类减少30%。黄河刀鱼、东方对虾等珍稀生物纷纷绝迹。1997年,东营市几十座平原水库陆续干涸,蓄水仅能勉强维持一个星期,170万人的生产生活顿时陷入困境。

同期声:(河口地区农民)大河里老是没水,吃水都是到十来里地以外去拉,牲畜也养不起了,地都浇不上,都是荒的,只能靠天吃饭。

同期声:(山东省东营市市民)水是定量供应,水质很浑浊,味道特别不好。

黄河断流造成的经济损失更是难以估量。频繁的断流不仅使下游大批企业停产或半停产,而且使引黄灌溉没有保证,沿黄农作物减产,农民收入降低,城乡生活用水没有保障,沿黄社会经济可持续发展遭到重创。

古往今来,一条河流就是一个庞大生命系统的支撑,河流的消失,意味着生命的覆灭。

20世纪90年代以来,尼罗河、科罗拉多河等世界上著名的大河先后出现断流,一场场生态灾难正在逼近或已经发生,曾经的风光烟消云散。

因水而兴,水去城亡。楼兰陨落,黑城荒芜,一座座破碎遗弃的城池,正是对历史、对未来的无声警示:如果不迅速采取措施,遏止日益严重的断流趋势,今天的黄河势必变成一条巨大的"沙龙",接下来,黄淮海平原、华北大地也将步其后尘,面临沙化威胁。

1998年1月,中国科学院、中国工程院163位院士联名,向社会大声疾呼:行动起来,拯救黄河!

1998年12月14日,黄河治理开发与管理现代化进程中一个值得铭记的日子。

这一天,一个为拯救华夏文明的伟大行动终于拉开帷幕。

经国务院批准,国家计委、水利部联合颁布实施了《黄河可供水量年度分配及干流水量调度方案》和《黄河水量调度管理办法》,文件第一次明确规定:黄河水利委员会负责黄河水量的统一调度工作。

应该记住这一时刻:1999年3月1日,治黄史上水量统一调度的首份调水令从黄河水利委员会发出。也就是从这一天起,黄河真正开始了全流域水量统一调度。

肩负神圣使命的黄河儿女没有辜负党中央、国务院的殷殷希望。仅仅10天之后的3月11日,黄沙飞扬的利津断面就迎来了久违的黄河水。一路奔腾而来的河水,欢快地越过干涸的河床,重新投入大海的怀抱。

从此,黄河人义无反顾地走上了步履艰难的水调之路。

黄河全长5464公里,流经9省区,跨省区调水,涉及上下游、左右岸方方面面的关系和利益,既要考虑灌溉,又要照顾防凌、发电;既要满足生活,又不能忽视生产。统一调度谈何容易!

同期声:(黄河水利委员会水资源管理与调度局 局长安新代)黄河上有大小引水口门5000多个,如果这些引水口门同时引水的话,十条黄河也被它引干了。我们水资源管理和调度的任务,就是要让这些无序的引水变成有序,使有限的黄河水资源发挥最大的效益。

首先,水调人员要结合当年来水、水库蓄水、下一年来水预测以及有关省区各部门耗水等情况制定分水方案。执行过程中,再根据实际来水、用水情况进行月(旬)调整。对各省区用水按照水量分配方案,明确每月入、出省界断面流量指标,实施断面流量动态控制。为保证水量配置按方案执行,黄河水利委员会还通过对骨干水库和重要取水口实施直接的统一调度和监测,协调省区用水矛盾并合理安排生态用水。

为保证黄河不断流,尽力顾及各方利益,黄河水利委员会水量调度技术人员使出浑身解数,操控着上至百亿立方米库容的大水库,下至几个流量的引黄闸,丝毫不敢懈怠。

但是,由于水量调度具有极强的时效性,而调水线路又很漫长,应用现代信息技术建设现代化的黄河水量调度管理系统,实现智能化的科学调水势在必行。

2002 年 6 月,在数字黄河的整体框架下,黄河水量调度管理系统开工建设。仅用半年时间,黄河水量总调度中心建成投入使用。12 月底,一期工程基本完成。

它的建成为饱经忧患的母亲河筑起了一道生命防线,成为监视着全河水情、雨情、旱情、引水信息及进行水量调度的"千里眼";实时跟踪黄河流域骨干水利枢纽、重要断面的水文水质信息、干流重要引水口和黄河下游所有引黄涵闸的有关信息。通过计算机控制着黄河下游干流上所有引黄涵闸的开启,能够快速完成各类信息收集处理,为编制水量调度方案和监督调度方案的实施提供信息服务及分析计算手段。

多功能一体化运作和可视化环境下的远程调度,为水资源实时监控、快速反应和优化配置提供了有力支撑。

字幕:2003 年 5 月 1 日 8 时,黄河下游利津断面出现 26.4 立方米每秒流量,突破 50 立方米每秒的预警流量。

一时间,黄河水量总调度中心报警红灯闪烁,电话铃声不断。黄河水利委员会水调技术人员果断行动,以最快的速度启动黄河水量总调度中心的引黄涵闸远程监控系统,紧急关闭了利津断面以上的所有的引水口门。

一场黄河断流的危机就这样在水调人员的科学调控之下化险为夷。

为精细调度黄河水资源,黄河水利委员会研发了黄河小浪底水库以下河段枯水调度模型,在旱情紧急调度期,水调技术人员利用开发的模型,不断滚动分析计算,计算提交多套方案,适时调整河道引水、水库泄流,为下游河段逐日、逐河段优化调度和精细调度黄河水资源提供了科技支撑。

2004 年至 2005 年进行的第九次引黄济津,调度人员就是每天利用这个模型,跟踪预测河道断面的水情,提出小浪底水库泄流及位山闸配水计划,不仅保证了引黄济津和豫鲁两省秋播秋种用水需求,还使水库由开闸放水初期的可调节水量不足 20 亿立方米增至 35 亿立方米,最大限度的为 2005 年春灌储备了水源。对比资料分析,由模型计算的断面流量与实测资料基本吻合,误差仅 10% 左右。

目前,宁蒙灌区 9 个主要引黄口门和灌区内部的 10 个分支引水口门,已全部纳入黄河水量调度综合监视系统,实现了对灌区引水情况的实时监测。同时,黄河水利委员会又在该灌区向黄河退水的 6 个主要通道上,安装了超声波水位计,实时采集退水水位、流量信息,然后通过 GSM 网传输至黄河水量总调度中心。

黄河水调是一个水资源优化配置的过程,更是各方通力协作的过程。在整个调水实践过程中,每一次协作都是牺牲局部、保全大局的艰难选择,每一次配合都是对新时期治水认识的升华。

在上游,宁、蒙两自治区领导对黄河水量调度工作也给予了高度重视,两区主要领导多次召开专题会议,听取水调工作汇报并做出重要指示,要求顾全大局、相互支持、积极配合,服从黄河水量统一调度,保证各项水调指令的贯彻执行。宁蒙灌区还成立引黄灌区抗旱工作领导小组,制定了辖区内详细的配水计划,调整农业种植结构,压减水稻、小麦种植面积,改种抗旱作物;推广节水技术,实施人工增雨,防止水源污染,实行退耕、休耕等一系列有效的措施,节水抗旱。

在下游,黄河水利委员会为进一步规范水量调度管理工作,在引黄涵闸上推行"两水分离、两费分计"的试点制度,改变了以往农业、非农业用水水账不清、水费收缴无法明晰的状况,促进了节约用水。同时,为加强用水的计划性,河南灌区还首次实行"订单供水、退单收费"制度;山东灌区推出协议供水的通知单制度。这些措施都促进了各灌区合理上报用水计划并严格按计划引水,确保了调度指令的严格执行,尽最大努力节约每一滴宝贵的黄河水。

国电西北公司、黄河上游水电开发有限公司、万家寨水利枢纽有限公司、小浪底水利枢纽建设管理局等单位,提出"电调服从水调、力保黄河畅流",协调灌水用水与发电之间的矛盾,确保黄河不断流。

当席卷科罗拉多河、墨累-达令河、阿姆河的断流危机仍在持续上演而束手无策时,被誉为世界上最复杂难治的黄河已经连续6年谱写感人肺腑的绿色颂歌。这该需要何等睿智和毅力!付诸几多艰辛和努力!

2001年,黄河径流总来水量一路走低,大河上下齐声喊渴,中下游同时交织的断流威胁,骤然加剧了调度的难度和紧张气氛,考验着初出襁褓的统一调度工作。

2003年1月至7月,黄河流域依旧持续干旱,干支流来水偏枯的形势愈加严峻,实际来水仅121.4亿立方米,是有实测资料53年以来最枯的一年。

受此影响,黄河干流龙羊峡、刘家峡水库蓄水量大幅度减少,水位不断降低,已逼近死水位;小浪底水库的蓄水量也入不敷出,供需矛盾异常尖锐。

黄河面临着自1999年水量统一调度以来最为困难的局面。

顶着难以想象的压力,黄河水利委员会先后派出近百个检查组,对省际断面、重要取水口、控制性水利枢纽进行24小时监控。

就在黄河水调工作步入最为紧急和艰难的时期,天津市用水也频频告急,再次把求助的目光投向了黄河。国务院决定实施第八次引黄济津应急调水,12亿立方米的送水任务使本已十分严峻的黄河防断流形势愈加紧迫。

严峻的黄河水调形势惊动了国务院领导。温家宝总理提出:"要在确保黄河不断流的前提下,尽量缓解全流域用水紧张局面。"

为实现这一目标,2003年4月,经国务院同意,水利部批准了《2003年旱情紧急情况下黄河水量调度预案》,这在中国水利史上还是第一次。

困难还在后面。进入2003年5月,大部分河段进入用水高峰期,黄河干流的石嘴山、头道拐、潼关、泺口、利津等断面接连突发预警流量,黄河随时飘摇在断流边缘。

梦魇般的断流危机催生了流域管理现代化的进程。为将应急的思路和规范、科学应对突发事件的理念纳入水量调度中,黄河水利委员会在全国率先启动了应急调度机制,建立了严格的突发事件防范和应急处理责任制。

这些保障措施及时发挥了作用,快速处理了发生在泺口、石嘴山、潼关、头道拐等断面的多起流量"预警"事件,及时化解了水调风险,避免了可能发生的断流危机。

承载着一个民族沉重历史的古老黄河,一次又一次地展现出慈母般的宽容和博爱。

同期声:(黄河下游农民)我每天都溜达到这儿来,一听到水声,心里比啥都高兴。来的水是救命的水,救了这一方人的命。

随着欢快的河水一路豪情,一场场人类与旱魃的较量正在烟消云散。干涸的土地、乡村、城市又恢复了生机,母亲般慈祥的黄河伴着金波,舒缓地穿行在峡谷,流淌在华北大地。

自20世纪70年代末,济南泉水开始出现半年以上季节性停喷,30多年来鲜见全年喷涌景观。受惠于黄河水的畅流,济南市地下水位猛增,四大泉群实现28年来首次全年持续喷涌。

"趵突腾空"、"泉涌若轮"……泉城重新沉浸在泉水淙淙、人泉共乐的灵动之中。

同期声：(天津市民　齐素玉)终于喝到了黄河水,这黄河水又甜又清,这是党中央对我们天津人的关怀。我们一定要加倍珍惜这来之不易的黄河水。

同期声：(河口地区农民)现在是很好了,地能浇上了,水也够吃了。

由于合理安排了农业用水,2000年大旱之年,甘、宁、蒙、豫、鲁比往年多灌溉400多万亩耕地,沿黄农业喜获丰收。2001年,河南省新乡市2～6月连续100多天没有一场有效降雨,水量统一调度使他们在关键时期适时得到灌溉,夏粮总产量达到了173.8万吨,达到历史最高水平。

统一调度以来,黄河干流刘家峡、万家寨、三门峡、小浪底等水利枢纽发电效益明显增加。1999年、2000年,刘家峡水利枢纽发电量分别较多年同期均值增加14%和23%,尤其是2000年4月的发电量为1970年以来的最大值;2003年11月至2004年6月,龙羊峡、刘家峡、万家寨、三门峡、小浪底五座水库合计发电126.161亿千瓦时,创历史同期最高。

统一调度提高了供水安全保障程度,改善了黄河流域经济带的经济发展环境。据有关单位初步测算,黄河实施统一调度以来,黄河流域及相关地区国内生产总值年均增加309亿元。

统一调度使黄河干流重点河段水质有所改善,水体功能得到提高,兰州断面满足Ⅲ类水质标准的河段提高了15%以上。小浪底以下河段满足Ⅳ类水质标准的比例普遍提高10%以上。

统一调度以来,非汛期累计增加河道内生态环境水量35亿立方米,平均每年增加7亿立方米,在一定程度上保证了下游河流生态系统功能的发挥,水生生物的多样性正得到恢复,20世纪80年代消失的珍贵鱼种,如黄河刀鱼也重新出现。

由于黄河河口地区水量的增加,初步遏制了黄河三角洲湿地面积急剧萎缩的势头,对三角洲湿地生态系统完整性、生物多样性及稳定性,产生了较为积极的影响。据2004年调查,黄河三角洲国家级自然保护区的鸟类数量,由统一调度前187种增加到283种。在黄河口的贝壳与湿地系统自然保护区内,发现有野生珍惜生物459种,比四年前增加了近一倍。三角洲地区植被也呈良性演替。

同期声:(黄河河口三角洲管理局负责人)咱们自然保护区的湿地生态得到明显的改善,每年不仅有10平方公里的新生湿地的增加,同时40平方公里的湿地得到了恢复和改善。鸟类的数量和种群也明显增加,特别是国家珍稀濒危鸟类,像丹顶鹤、中华秋沙鸭、大鸨、天鹅、灰鹤,现在到处可见,数量和种群可以说是成倍的增加。

古往今来,一条河流就是一个庞大的生命系统的支撑。黄河生命的复苏,有力支撑了经济社会的可持续发展。人们从中真切地感受到从传统水利向现代水利、可持续发展水利转变,以水资源的可持续利用支持经济社会可持续发展的治水新思路的深刻内涵。

黄河连续枯水期不断流,初步修复了被人类活动长期损害的生态环境,谱写了人与自然和谐共处的绿色颂歌,受到党和国家领导人的高度评价,为我国水资源一体化管理积累了成功的经验,谱写了一曲大河滔滔赴东流的生命之歌。

时至今日,黄河不断流已经上升为中国政府落实科学发展观、走可持续发展之路的重要标志,也是衡量水利部新时期治水思路成功与否的重要标志。

当古老的黄河携着历史的风尘,合着时代的节拍,昂首向前,去创造新的辉煌时,让我们用全部的聪明睿智和果敢行动去捍卫母亲河生命的尊严,让她永葆生机,万古奔流。

撰稿:刘自国

摄像:李亚强等

编辑:邢敏 王晓梅 张悦 翟金鹏

文字整理:张悦

2005 年 7 月黄河连续 5 年不断流新闻发布会播出

这是一个值得铭记的时刻:2009 年 3 月 22 日 10 时,黄河内蒙古封冻河段全部顺利开河。

有惊无险。在整个开河过程中零伤亡。

3 月 26 日,黄河防汛抗旱总指挥部在洪峰安全抵达潼关水文站的第一时间宣告:2008～2009 年度防凌工作圆满结束。

博弈冰河

——黄河防汛抗旱总指挥部
2008～2009 年度防凌纪实

画面:凝固的壶口瀑布

这里就是黄河壶口瀑布。没有了奔腾咆哮,没有了声震千里。

2009 年 1 月 17 日至 18 日,百年不遇的特大凌汛突袭壶口,约 600 万立方米的积冰涌进黄河壶口主景区,瞬间布满 400 多米宽的河道。铺天盖地的冰块,凝固了河床,阻断了道路,吞没了房屋。

而此时,随着我国北方气温大幅度下降,黄河封河速度加快,往日气势磅礴的长河顿失滔滔,千里冰封。

在上游,黄河宁夏段累计封河长度 112 公里,黄河内蒙古河段全部封冻,封河长度 720 公里。

在中游,黄河河曲河段全部封冻,封河长度 67 公里。

在下游,山东黄河共封河 36 段,长度 144 公里。

然而,危险并没有随大河的暂时平静而远离。

水位抬升、暗流涌动、堤防渗水……种种危险成为悬在沿黄人民头上的达摩克利斯之剑。

水利专家实地查勘后,开出这样一份令人忧心的"体检单"。

字幕：一、河段封冻期水位表现高

三湖河口最高封河水位 1020.98 米,较多年同期均值偏高 1.28 米。

字幕：二、偎水堤段长

内蒙古河段堤防最大偎水长度达 500 余公里,较常年多 100 多公里,长时间的浸泡,使得堤身渗漏严重。

字幕：三、槽蓄水增量大

内蒙古河段槽蓄水增量约 17 亿立方米,较多年均值偏多 48%,居历史第五位;其中,三湖河口至头道拐河段槽蓄水增量达 12.5 亿立方米,为历史同期最大值。

这是一个触目惊心的槽蓄水增量,高达 17 亿立方米的槽蓄水增量,相当于"75·8"洪水板桥、石漫滩两座水库蓄水量的总和。

严重的凌情牵动着党中央、国务院。

1 月 19 日,中共中央政治局委员、国务院副总理、国家防汛抗旱总指挥部总指挥回良玉对黄河防凌工作做出重要批示,要求务必强化责任制和值守工作,密切监视凌情变化,加强工程调度,做好抢险队伍和物资准备,及时转移受威胁的群众,确保防凌安全。

"全力以赴,切实打好防凌这一仗。"国家防汛抗旱总指挥部副总指挥、水利部部长陈雷对黄河防凌提出明确要求。

"伏汛好抢,凌汛难防"、"凌汛决口,河官无罪"。一百多年来,黄河凌汛决口是人们无法抗拒的天灾。新中国成立后发生的两次凌汛决口,一直是黄河人心中难以抚平的伤痛。

更令人揪心的是,近年来,由于内蒙古河段主槽淤积严重,河道游荡性加剧,加上堤防不达标,非工程措施和应急处置措施不完善,致使防凌的风险越来越大。2008 年,黄河内蒙古杭锦旗独贵塔拉奎素段就曾出现溃堤重大险情。

千里冰封的大河,如同一张布满道道难题的考卷,再次考验着黄河防汛抗旱总指挥部的应对能力。

不惜一切代价确保黄河防凌安全,这是一个心中时刻装着沿黄人民的流域机构做出的坚定抉择。最大限度地控制凌情的发展,将凌灾造成的损失降到最低,成为黄河防汛抗旱总指挥部压倒一切的头号任务。

可是,要在如此复杂的情势下,做出科学的调度,实现防凌安全,又是何其艰难!

健全完善防凌预案,为防凌提供技术支撑,是摆在黄河防汛抗旱总指挥部面前一道亟待攻克的难题。

"立足于现代化防御体系的构建,变被动防御为主动防御",这是水利部对黄河防凌的新要求。精于洪水泥沙管理的黄河防汛抗旱总指挥部在编制防凌预案过程中,充分考虑宁蒙河道边界条件和防洪工程现状,统筹"拦、调、分、疏、滞、泄、守"等防凌措施,牢牢掌握防凌的主动。

为做好准备,2008年10月在山西太原召开防凌工作会议,对2008～2009年度防凌工作做出部署。

黄河防汛抗旱总指挥部会同宁、蒙以及北京、兰州、济南军区,仔细分析了黄河防凌能力现状,制定了《全面提升黄河防凌综合能力实施方案》。方案充分考虑了如何采取水库调度、分凌区运用等主动防凌措施,非工程措施则着重预警能力如何建设,应急状态如何处置。

1月14～18日,黄河防汛抗旱总指挥部派出防凌预案专项工作组,首次对宁夏、内蒙古自治区沿黄市(盟)县(旗)防凌预案进行专项检查。重点围绕防凌预案和工程抢险、物资供应、迁安救护、后勤保障等专项预案,进行现场评议,着力提升黄河防凌预案的科学性、合理性、可操作性。

为规范黄河防凌工作程序,黄河防汛抗旱总指挥部颁布了《黄河防凌工作规程》,建立了日常会商及重大问题随时会商的防凌工作机制,强化了值班和信息报送制度。打造协调有序、权责明确、步调一致的联动机制。自黄河流凌起,黄河防汛抗旱总指挥部办公室实行 24 小时值班,全面掌握水情、凌情变化以及防凌工作动态,及时向相关省区防办、电力调度部门、水库管理单位通报汛情,共享信息。

这是黄河防汛抗旱总指挥部河道清障督察现场,同时也是黄河防汛抗旱总指挥部第二次派遣督察组对该河段清障工作进行督察。

"只有给洪水以出路,洪水才能给人以生路"。针对近年来跨河交通设施增多,施工设施侵占、缩窄河道主槽的问题,黄河防汛抗旱总指挥部加大河道清障力度,多次下发清障通知,并两次派出工作组对内蒙古河段清障工作进行督察。2 月下旬,针对一些在建桥梁和浮桥建设单位未按要求完成清障任务,严重危及开河期防凌安全,黄河防汛抗旱总指挥部与内蒙古防汛抗旱指挥部组成联合检查组,对在建桥梁和浮桥施工现场逐一进行清查,保障了河道畅通。

1 月 4 日 8 时,黄河下游山东河段涉及影响防凌安全的 17 座浮桥全部拆除。沿黄省区越来越多的人认识到:只有水畅其流,才能使防凌多一份安全,少一份危险。

字幕:2 月 3 日,黄河宁夏河段开始开河。

2 月 23 日,黄河内蒙古河段开始开河。

"整条黄河仿佛是一条巨蟒在褪一层坚厚的壳,春天就这样降临了。"有人曾这样描述黄河开河,但现实并非总是如此诗意而温馨。

由于黄河开河存在时间差,当上游已是春光明媚,下游还是冰封千里的时候,融水带着冰凌顺流而下,时而阻塞,抬高水位;

时而溃决,横冲直撞,使下游冰层遽然胀破,形成巨大的冰排,向下猛冲,造成严重的凌汛。

解冻常常意味着凌汛灾害,形势刻不容缓。黄河防汛抗旱总指挥部紧急应变。

2月12日,黄河防汛抗旱总指挥部在鄂尔多斯市召开会商会,对本年度开河期防凌工作发出总动员,要求落实责任,综合布控,超前预防,全力确保本年度黄河防凌安全。

2月12日晚,黄河防汛抗旱总指挥部常务副总指挥、黄河水利委员会主任李国英主持召开紧急会商会,要求进一步加大支援流域抗旱和内蒙古河段防凌工作力度,科学调度好黄河干流水库,坚决打好流域抗旱和防凌两场硬仗。

针对内蒙古三湖河口至头道拐河段槽蓄水量偏大、水位表现高的不利局面,黄河防汛抗旱总指挥部经过科学分析,综合考虑气象、水情、冰情、供水安全等因素,始终把调度刘家峡、三盛公、万家寨等调蓄工程,强化"上控、中分、下泄"防凌措施,作为今年防凌的重头戏。

"上控",即压减刘家峡水库的下泄流量。

2月12日,黄河防汛抗旱总指挥部将刘家峡水库下泄流量由原来的450立方米每秒压减至300立方米每秒。压减日期比去年提前15天,为2005年以来最早。3月14日,在综合考虑上游兰州城市引水安全以及支流来水情况的基础上,又将下泄流量压减至280立方米每秒。

"中分",即通过内蒙古三盛公水利枢纽和杭锦淖尔蓄滞洪区进行分凌。

2月22日,黄河防汛抗旱总指挥部及时批准三盛公水利枢纽提前分凌,分水最大流量达100立方米每秒,分水量达1.59亿立方米,有效地为内蒙古槽蓄水量瘦身。

"下泄",即逐步降低万家寨水库运用水位。

2月12日,黄河防汛抗旱总指挥部下发指令,要求逐步降低万家寨水库运用水位,为即将到来的洪水腾出库容,避免大流量下泄威胁中下游封河河段。通过科学调度,万家寨水库水位比稳封期降低了12米。

大尺度空间的防凌调度,为波澜壮阔的黄河治理开发与管理,增添了点睛之笔。

封冻的河面、狭长的清沟、大堤…… 这就是首次执行内蒙古河段凌情监测的无人机遥感监测系统传送的现场图像。

该系统集数据采集、传输、应用于一体,由无人遥感小飞机、黄河应急卫星通信系统、黄河计算机网络系统组成,能迅速将黄河凌情实时信息传输到国家防汛抗旱总指挥部和黄河防汛抗旱总指挥部。

穿云见月的无人飞机还成为轰炸机和高炮部队的"眼睛",为顺利破冰提供着精准定位。

黄河水文人根据水文情势变化,增加了重点河段七个水位站报汛任务,同时加大巡测力度,全天候、高密度监测凌情。在有效期内及时发布了内蒙古开河日期预报,实现了头道拐、三湖河口水文站开河日期的准确预报。

黄河防汛抗旱总指挥部办公室派出前线工作组,全面掌握凌情发展变化,随时传递一线防凌情况,有力推动了巡堤查险各项工作的开展。

卫星遥感、航空监测、地面巡测及断面水文监测构筑成水、陆、空三位一体的凌情监控体系。

字幕:2月10日14时,黄河下游全线开河。

2月11日8时,黄河宁夏段全线平稳开通。

2月23日10时,黄河内蒙古乌海段顺利开河。

而此时,黄河内蒙古河段尚有600多公里尚未开河,主流处冰面在破碎挤压,滩冰涌动,流凌密度加大。

根据开河特征和水情等因素,黄河防汛抗旱总指挥部宣布,从 3 月 17 日起,黄河内蒙古河段进入开河关键期。此时期是开河的最后决战期,也是最危险时期。

　　天有不测风云。

　　3 月 18 日 20 时,黄河内蒙古三湖河口水文监测断面下游发生冰塞,堆冰长度约 1 千米。

　　3 月 19 日 1 时,三湖河口水文监测断面附近生产堤漫顶,三湖河口水文站水位上涨至 1020.95 米,为本年度封开河最高水位。

　　险情就是命令,时间就是生命!

　　随着炸冰令的下达,大威力炮弹呼啸着飞向指定点,巨大的冰堆被炸开瓦解。

　　3 月 20 日 8 时,三湖河口水文站水位降至 1020.32 米,附近堆冰自溃,主流已经归槽,开河形势平稳。

　　字幕:

　　3 月 20 日 10 时,内蒙古河段累计开河 548 千米,占全部封冻河段长度的 76%。

　　3 月 22 日 10 时,黄河防汛抗旱总指挥部对外宣布:黄河内蒙古 720 千米封冻河段全部开通。

撰稿:刘自国

摄像:李亚强 吕应征 陶小军

编辑:邢敏 刘柳 李臻

2009 年 6 月黄委委务会议播出

10 月,收获的季节,播种的季节,召唤的季节。

黄河,敞开博大的胸怀,欢迎所有河流的使者。

2003 年 10 月 21 ~ 24 日,首届黄河国际论坛在中国郑州隆重举行。

河流的盛会

——首届黄河国际论坛

来自亚洲、欧洲、美洲、大洋州和国内共 33 个国家和地区的水务官员、流域管理专家、工程师、水利科学家和国际咨询机构代表共 365 人荟萃一堂,论道黄河,共商水事。

这是由中国举办的第一次大型国际河流研讨会,这是在全球一体化潮流中崛起的流域峰会,这是因黄河而聚集、为黄河长治久安献计献策的群英会。

这是史无前例的河流盛会。

大会设 1 个主会场,8 个分会场,10 个专题会场。围绕流域现代化管理模式及高新技术应用两大议题,论坛发表了 258 篇科学论文,内容涵盖水资源管理、现代水文测报及监控、泥沙遏制及利用、游荡性河道整治、生态环境、节水社会、数学模型、河流生命等诸多学科和专业领域。

宽敞多用的智能国际会议厅,严密的会议流程,实时递送的同声传译、电视直播和互联网,热情的青年志愿者服务,以及多家国内外基金组织和科研机构的大力协助,为完成大会使命提供了有力保障。

同期声:(黄河水利委员会　主任　李国英)现在我宣布,

黄河国际论坛大会开幕。

2003年10月21日上午,水利部黄河水利委员会主任李国英宣布大会开幕。它标志着黄河从此以一个东道主的身份融入了世界河流大家庭之中。

黄河,塑造了中华民族历史的万里巨川,同时也是世界上游荡性最强的多泥沙河流。长期以来,黄河以其最高的水沙比例和最大的输沙量稳居世界河流之首,吸引着国内外一代代水利精英为之皓首穷经,前赴后继,黄河研究成为破解世界多泥沙河流之谜的一把金钥匙。早在1924年,当时就已年愈古稀的世界著名水利专家、德国德累斯顿大学教授恩格斯多次对他的学生们说:我从事河工专业几十年,最大的心愿就是能亲自到世界上灾害最重的河流上去做研究。这条河就是中国的黄河。黄河的治理不只是中国的问题,也是世界性的问题,需要千百万人的真诚合作才有望解决。

多少年以后,恩格斯的心愿在黄河上落地生根。20世纪50年代,作为新中国最亲密的朋友和"老大哥",苏联派出阵容强大的专家组,参加黄河规划的制定和三门峡工程的整体设计。然而,由于特殊的历史背景和黄河泥沙问题极端复杂,三门峡成为世界水利史上最具有争议性的大坝。其千秋功过,至今仍然众说纷纭。

进入21世纪,面对黄河决口危险尚未解除、黄河断流威胁依然严重的现实,伴随传统水利向现代水利、可持续发展水利转变的历史进程,黄河水利委员会全面启动了原型黄河、数字黄河、模型黄河的科学研究和同步建设,并提出"维持黄河健康生命"的治黄新思路,以确保堤防不决口、河道不断流、污染不超标、河床不抬高,实现人与河流和谐共处。

这是一个多界面、多维度的系统工程,是一场观念和实践上的双重革命,需要在全世界范围内集思广益,博采众长,使黄河这一世纪难题在更加宽广的平台上得以聚焦,从而加快治理步伐。与此同时,国际上诸多河流在人类活动的长期干预下,也暴露出一些共性问题或潜在危机,需要参照黄河寻医问诊,对症下药。

在黄河人的殷切期待和精心运作下,在世界大江大河的积极参与下,黄河国际论坛应运而生。

这是一个谋求互动、互补和多边共赢的创举,必将对"三条黄河"建设以及世界水资源一体化管理产生深远影响。

瞧,密西西比河来了,莱茵河来了,罗纳河来了,墨累-达令河来了,贯穿中亚4个内陆国家的阿姆河来了——天南海北的嘉宾代表着天南海北的河流,千姿百态的河流孕育了千姿百态的文化,塑造着不同的治理模式。

同期声:(中华人民共和国水利部 副部长 索丽生)治水的新思路在黄河治理当中的成功实践,也表示通过这些新思路的探索和实践,加强了流域水资源的统一管理。而且,洪水问题、干旱问题、污染问题和泥沙等问题得到了统筹的考虑和综合治理,也体现了水利部门现在非常关注生态环境的问题,体现了人和自然的和谐共处。

同期声:(亚美尼亚共和国国有资产管理部 副部长 Markosyan Ashot Kh.)与中国相比,亚美尼亚是个很小的国家,只有300万人口,但是水资源的问题对我们来说也相当严重。目前来说,水资源问题成为人类生存发展的重要问题,由此,我们可以得出,经济对水资源管理影响具有非常重要的意义。

同期声:(澳大利亚墨累-达令河流域委员会 主席 Don Blackmore)从澳大利亚来到中国,我需要把澳元换成人民币。我们每块澳元可以换到五块钱人民币。那么,水,我们也可以进行这样的交易,能够把一种水产品拿到另外一个地方去,换成另外一种产品。

同期声：(法国罗纳河流域委员会　主席　Pierre Roussel)有两个重要的原则：一是污染者付费原则，二是用水必须要付费。每一个公众或用水机构都应该平衡用水的情况。

同期声：(英国泰晤士河流域管理局　局长助理　高级顾问　Peter Spilleet)1989年，我们进行了私有化，并且是很成功的。我们的水价和欧洲其他国家相比有了下降，我们的标准有了提高。

同期声：(荷兰德尔伏特水力学所　所长　De Vriend)我们昨天已经听到了建设"三条黄河"的概念，还听到了模型黄河、数字黄河。所以，如果是我们用综合的方案来改善黄河的情况，那么我们就可以考虑运用高科技、运用各种模型。

同期声：(国际水资源管理所　首席代表　David Molden)黄河流域采取的行动会对全球产生许多重大影响。如果我们不在黄河流域生产粮食，会节约中国的水资源，但是，可能会影响世界其他某些地方的粮食生产和生态等方面。

同期声：(原美国田纳西河流域管理局　主席　Craven Crowell)田纳西河流域管理局是非常成功的典型。因为它的设置、运行模式都非常独特。其管理局成立于1933年，负责各个流域的洪水控制、发电等事务，是完全受控于联邦政府的机构，也是美国最大的公共电力生产商，是联邦政府百分之百所有的。我也做了些研究，我发现在1933年的时候，正好是中国成立黄河管理委员会的时候。其实我们两个流域机构有些相似之处，当然黄河管理委员会比我们大得多，任务也复杂得多。

同期声：(芬兰赫尔辛基水咨询有限公司　Peter Reiter)马踏飞燕是一个非常有名青铜雕塑。对我而言，这是一个很好的、有关合作的典范。它是指飞马踏在燕子身上飞得更高、更快，是一个互相合作、互相帮助的标志。

人无分东西，河无分南北，不同的信息和学说，共同的心愿与祝福,各种观点在论坛上碰撞磨合,融会贯通。

分组学术交流也有声有色。这是一个数学模型和 IT 技术的专题讨论会,集中了来自美国、荷兰、芬兰、丹麦、英国等国顶尖级的专家和学者,就有关关键技术及其发展方向进行了卓有成效的探讨。

友谊在加强,合作在扩展,对话在深入。这是一个别开生面的会中会。世界四大流域机构负责人与黄河青年面对面自由交流,笑语欢声,高潮迭起。

作为大会的重要议程,作为国际协作的良好范例,中国与荷兰合作建立基于卫星的黄河流域水监测和河流预报系统于10月23日正式启动,掀开了以黄河流域为中心的中荷水利合作的新篇章。

同期声:(黄河水利委员会 副主任 黄自强)女士们、先生们,此次河源区项目仅仅是中荷黄河大规模合作的一个开始。黄河流域已经被中荷合作联合指导委员会确定为下一阶段中荷合作重点流域。

世界向黄河张开了热情的手臂,黄河向世界展示着迷人的风采。在蔚蓝色的中心会场,在模型黄河基地,在花园口数字水文站,在古老的黄河岸边,水利专家和官员们不仅亲身体验了历史悠久的中华文明,而且亲眼目睹了黄河正以创新思维崛起于国际河流家族。今日黄河,向世界展示的不仅仅是日益先进的技术手段,还有令人耳目一新的治水理念。

同期声:(黄河水利委员会 主任 李国英)流域一体化管理的职责和追求的最高目标是维持河流健康的生命。

这就是黄河!站在滔滔东去的大河边,感受古老东方神秘的脉搏,倾听年轻开放的中国稳健的步伐——多少年的梦想实现了!

同期声:(芬兰赫尔辛基水咨询有限公司 Peter Reiter)这

次会议非常成功,我非常喜欢,它确实增进了黄河水利委员会与世界的合作和交流。

同期声:(CGIAR"水和粮食挑战计划"合作项目协调人Jonathan Wooley)首先,我对黄河水利委员会的工作人员具有如此高的专业素养感到非常钦佩,这给我留下了非常深刻的印象。另外,这次大会组织严密,达到国际一流水平。

同期声:(联邦德国水文研究院　教授　Emil Goelz)这是我首次来到中国,对本次论坛的组织我印象非常深刻。讨论黄河泥沙、河势、洪水和防洪问题很重要,我认为这些问题在使中国人民过上富裕生活方面很重要。

同期声:许多信息不仅关乎中国河流,而且世界河流都在这里得到共享。我想说的是,我们需要更多的合作。

同期声:(中国水利水电科学研究院　教授　王浩)黄河的事情是一个全世界水利方面都共同面临的一个挑战,一个难题。黄河要治理好了,一般的河流就不在话下了。我希望(论坛)两到三年应该办一次,应该继续办下去,保持这么一个带有活力的、超前的,带有各方面见解的、代表不同部门观点的河流盛会。这对于人民治黄事业的兴旺,对于加强流域水资源管理,对于积极寻找黄河对策,都是大有好处的。

回望岁月沧桑,正因为有了绵延不息的健康河流,才有了绵延不息的人类文明。人类有义务为所有的母亲河承担起神圣的责任。保护河流,维护河流健康生命,拯救人类和众多生命伙伴脆弱的家园,成为论坛成员的共同呼声。

同期声:(黄河水利委员会　主任　李国英)我们竭诚地欢迎各位专家学者,多来黄河考察。期待大家通过黄河国际论坛这个平台,更好地研究黄河的新情况和新问题。

字幕:2003年10月28日,中荷专家组考察黄河湿地

同期声:(黄河水利委员会　主任　李国英)同时我们也

愿意把黄河在泥沙研究和多沙河流水库运用等方面的研究成果与世界水利界同仁分享。建立广泛的合作与交流机制,将相互交往的渠道建得更加通畅,把合作研究的范围开拓得更加宽广。为此,在总结本次论坛成功经验的基础上,大会组织委员会研究决定:2005 年举办第二届黄河国际论坛,主题为"维持河流健康生命"。

河流是有国界的,而科学、友谊与合作却超越了时空,指向未来。

以河流——生命的名义,让我们再相聚!

撰稿:郎毛
摄像:王寅声 李亚强 叶向东 马麟 吕应征 师为宗
编辑:邢敏
文字整理:王寒草
2004 年黄委国际交流宣传形象片

河 之 变

　　水,生命之源,当它开始在地球上流动的时候,就形成了奔流不息的生命,它流淌到哪里,哪里都是人们万古常新的家园。

　　中国第一部诗歌总集《诗经》这样记载:"关关雎鸠,在河之洲。窈窕淑女,君子好逑。"生命与生命以河为伴,相亲相悦,那是一种多么令人神往的意境啊!

　　水创造并哺育了所有物种的生长和繁衍,结束了地质时期的单调和死寂,宣告了物种进化时代的到来,大千世界充满生机。

　　然而,随着工业文明的日新月异,人类更坚信自己是号令河流的主人,开始自我陶醉,试图通过工业文明的法力驯服河流。

　　在人类假借科技之力,加速对河流的征服、控制之时,古老的河流被无情地虐杀,几近走上人类追逐财富的不归之路。

　　养育和激活生命的河流变了。世界文明发源地的诸多河流断流了,中国的黄河也断流了。断流给河流带来致命威胁:河床龟裂萎缩,水质污染超标,湿地退化消失,生物种链断裂。

　　我们可以想象,假如没有了奔流的大河,人类赖以生存的地球还会是蔚蓝色吗?

　　在狂热追求财富无限增长的幻觉中,人类的智者透过繁荣看到了危机。环境学家预言:这场环境革命的意义就像 1 万年以前的农业革命和 18 世纪的工业革命一样重大。人类将重新审视自己的行为,摒弃以牺牲环境为代价的黑色文明。建立一个人与大自然和谐相处的生态文明就这样悄然拉开了序幕。

　　黄河,黄土,黄种人,就这样相濡以沫,重新开始追逐和寻觅着,共同演绎着创造生命和文化的伟大历程。从此,一条大河的命运开始改变。

当"维持黄河健康生命"的新理念诞生之时,河流从实用主义哲学回归温情的人文关怀和尊重。

开创世界大江大河实施全流域水资源统一管理与水量统一调度先河的黄河,创造着河流生命的奇迹。这条赋予一个伟大民族生命华章的大河从频繁断流到波澜再生,连续十年畅流入海,严重受损的河流生态系统得以显著改善。

复活的黄河穿越蜿蜒,一路欢歌。中国 12% 的人口、15% 的耕地和 50 多座大中城市找回了与河共舞的流金岁月,感知着永恒的跳动脉搏。

壮美的大河恢复了奔腾跳跃的活力,重复着日夜不息的脉动和输移,为生命的进化成长提供了辽阔的空间。

致力于自然环境修复的生态调水,这是人类给予河口生态系统的万物生灵应有的理解和尊重,也为黄河水资源统一管理与水量调度向功能性不断流提供了试验场。

源源不断的黄河水为河口地区的生物提供了最基本的养分,由此构建了一个生机勃勃的食物链,使得北中国的"生态要冲"重新成为整个东北亚内陆及环太平洋迁徙鸟类重要的越冬、中转和繁殖的"鸟类国际机场"和野生物种的生命乐园。

从人水抗争,到主动给洪水让路;从消除洪水、泥沙的围追堵截,到利用洪水、塑造洪水,构造协调的水沙关系,是河流管理理念的升华。

人类自身的主动性与河流自然的规律性的巧妙耦合,黄河实现了惊鸿一跃。

这是通过水库群的精妙演算,精细调度塑造的"人造洪水"。2002 年以来,黄河连续 9 次实施调水调沙,成功塑造人工异重流,5.7 亿吨泥沙搬家入海,下游千里河道平均下切 1.5 米,最小过流能力由 1800 立方米每秒提高到 3880 立方米每秒。

黄河正以崭新的姿态欢淌在世界的东方。

"三年两决口、百年一改道"的大河历史,总在张扬自然的力量,也在考量人类的思想。

历史上,黄河频繁决口改道,其下游如肆虐的巨龙在南北徘徊。生灵涂炭、饿殍载道、瘟疫滋生、生态恶化是其深重灾难的真实写照。今天,黄河疯狂泛滥的时代成为过去。而其终结者则是经过几代人奋斗形成的"上拦下排、两岸分滞"的防洪工程体系和日益完善的非工程体系。

黄河在她的下游,依然以"悬河"的姿态傲视两岸。一道道控导工程,顽强地改变着黄河游荡摆动的性格;绵延不断的长堤,既是坚固的"水上长城",又被不断注入生态、文化等新的元素。利用黄河泥沙建设的标准化堤防,以防洪保障线、抢险交通线、生态景观线三位一体的容颜成为华夏大地上又一新的地标。黄河两岸,城市林立,稻菽千重,百姓祥和,鸟语花香。

黄河,举世闻名的伟大河流,它是中国的,也是世界的。2003年以来,开放的黄河昂首勃勃走向世界。全世界的河流跨过五湖四海,在这里握手。世界倾听着黄河的声音,黄河分享着世界的滋养。黄河正在以它持久的感召力,高擎河流伦理的大旗,阔步前行。

从生命危机到生机勃发,直至走上生态文明之旅,奔腾的大河在嬗变中开始了温馨、浪漫的新乐章!

撰稿:刘自国 徐清华

摄像:王寅声 李亚强 叶向东

编辑:邢敏 张悦 李臻

2009年10月第四届黄河国际论坛播出

回眸——黄河 2002

亘古不息的黄河,载着历史的重托,合着时代的节拍,走过了不平凡的 2002 年。这一年,是黄河人求实创新、开拓进取的一年,也是治黄事业再创辉煌、硕果累累的一年。

一年来,在黄河水利委员会党组的领导下,全河上下按照国家新时期的治水方针,努力践行传统水利向现代水利转变的战略新思路,加快"三条黄河"建设步伐,成功实施首次调水调沙试验,积极开展水资源优化配置和科学调度,大力推进黄河治理开发与管理现代化,以黄河人的非凡胆识、聪明才智和辛勤劳动,谱写出又一曲催人奋进的时代壮歌。

现在,就让我们透过摄像机的镜头,再次回味一下黄河上那一幕幕激动人心的时刻吧!

一、绘就治黄新蓝图

2002 年 7 月 14 日,在现代治黄史上是个具有特殊意义的日子。这一天,国务院正式批复了《黄河近期重点治理开发规划》(简称《规划》)。消息传来,大河上下无不欢欣鼓舞。这是新中国成立以来由国家批准的第二部黄河综合治理开发规划,它向人们展示了未来 10 年黄河治理开发的美好蓝图。

也就在《规划》批复的第二天,朱镕基总理亲临黄河视察。从上游的兰州、中游的延安,到下游的郑州、济南,直到水天交融的黄河入海口,朱镕基总理一路冒着高温酷暑,深入实地考察退耕还林生态建设和各地的防汛工作,并在郑州召开晋陕豫鲁 4 省防汛工作座谈会,强调指出必须站在战略和全局的高度,大力实施可持续发展战略,统筹规划,标本兼治,进一步把黄河的事情办好。

这是自1999年8月以来,他第二次专程来黄河考察,在日理万机的总理心目中,这条大河有着举足轻重的位置。

黄河是中华民族的母亲河,但也是世界上最为复杂难治的河流。治理黄河历来是治国兴邦的大事。新中国成立以来,党中央、国务院始终关注着黄河的事情。

1955年,全国人大一届二次会议通过了《黄河综合利用规划技术经济报告》,从而掀起了大规模治理开发黄河的热潮,有力地推动了治黄事业的发展。同时,在实践—认识—再实践—再认识的探索中,治黄工作者也深化了对黄河规律性、特殊性的认识。

随着经济的发展、人口的增加,人与自然的关系日趋紧张。黄河除了长期存在的洪水威胁、水土流失、泥沙淤积等问题外,近年来又出现了水资源紧缺、断流频繁以及水污染加剧等诸多新矛盾。面对国民经济和社会可持续发展的新形势,黄河的治理开发迫切需要作出新的战略抉择。

字幕:抓住黄河断流、防御洪涝灾害、综合治理生态环境等重点问题,提出根治黄河的规划和政策建议。

1998年11月,遵照温家宝副总理的指示精神,黄河水利委员会在水利部的领导下,专门成立了阵容强大的工作班子,深入开展了黄河的重大问题及其对策研究,经过有关各方三年的共同努力,在大量的资料分析和调查论证的基础上,形成了最终成果。

2001年12月5日,国务院召开第116次总理办公会,审议并原则同意了水利部提出的《关于加快黄河治理开发若干重点问题的意见》。根据这次会议精神,黄河水利委员会又抓紧编制了《规划》。2002年1月27日,《规划》在北京通过了水利部的审查。其后,反复三次征求了国务院17个部门和黄河流域8省区的意见,进行了多次修改,6月份完成最终稿并上报国务院。7月14日,国务院以国函[2002]61号文,批复了《规划》。

至此,凝聚着黄河人汗水、智慧和希望的治黄大规划,终于写在了国民经济发展的蓝本里。这是黄河治理开发史上又一座重要的里程碑,它的批复实施标志着人民治黄将进入一个新的历史阶段。

该《规划》充分考虑了黄河出现的新情况以及经济社会发展的新要求,吸收了历代治河的经验和成果,在规划思路上,突出了可持续发展的观点。强调以水资源的可持续利用,支持流域及其相关地区经济社会的可持续发展。按照《规划》目标,通过十年的努力就可以初步建成黄河防洪减淤体系;基本控制洪水泥沙和游荡性河道河势;完善水资源统一管理和调度体制,节水初见成效;基本解决黄河断流问题;基本控制污染物排放总量,使干流水质达到功能区标准,支流水质明显改善;水土保持得到加强,基本控制人为因素产生新的水土流失。遏制生态环境恶化的趋势,逐步实现人与自然的和谐相处,让黄河更好地为中华民族造福。

《规划》的实施,必将进一步加快黄河治理开发的步伐,为实现黄河堤防不决口、河道不断流、污染不超标、河床不抬高的"四不"目标,谋求黄河的长治久安,奠定坚实的基础。

目前,黄河水利委员会正以《规划》为指导,加大科技治黄的力度。针对黄河存在的问题,进一步加强基础研究和关键技术研究。大力推进"三条黄河"建设,把黄河治理开发与管理全面推向现代化。一个新的建设热潮在古老而又年轻的黄河上方兴未艾。

二、构筑"三条黄河"

2002年是"三条黄河"建设全面推进、初见成效的一年。

"数字黄河"自2001年7月25日提出后,按照黄河水利委员会党组的要求,各有关部门紧密配合,立即着手编制"数字黄河"的工程规划。这项工作向社会公布后,得到了国内外许多科研部门和知名大学、公司的积极响应和参与,其中有20多家机构向黄河水利委员会提交了"数字黄河"工程规划框架。

　　在此基础上,有关部门结合黄河治理开发与管理的实际,进行了总体整合。

　　2002年12月20日,黄河水利委员会邀请信息产业部、中国水利科学研究院、解放军信息工程大学、清华大学、河海大学、武汉大学等单位的专家院士对《"数字黄河"工程规划》讨论稿进行审查。

　　在"数字黄河"工程推进过程中,部分急用先行的项目和基层单位的相关探索已迈出了实质性的步伐。人们真切地感受到了"数字黄河"不再是遥远的梦想,它正在向我们翩翩走来。

　　同期声:黄河水量总调度中心各项准备工作已经就绪,具备了启用条件,请李主任启动系统。

　　2002年11月4日,黄河水量总调度中心建成并正式投入运用,这标志着作为"数字黄河"一期工程的黄河水量调度管理系统建设已经取得阶段标志性成果。

　　以实现"无人值守、少人值班、远程控制"为目标的引黄涵闸远程监控系统和水资源调度监控指挥系统在一些基层单位的成功研制和应用,实现了黄河水利委员会、省局、市县局和现场的四级授权控制。在黄河水利委员会水量总调度中心,足不出户,就可以对1000公里之外的引黄涵闸进行远程控制。

　　6月15日,在黄河著名的花园口险工,一座初具数字化规模的水文站正式启用。该站在全河水文系统率先实现了水位遥测、视频传输和信息查询等多项现代化功能。

　　与此同时,对黄河下游防洪有着重大意义的"小花间"暴雨洪水预警预报系统,经过黄河水利委员会水文部门一年多的努力和多次专家会商咨询,也完成了总体设计。这意味着在黄河"小花间"延长暴雨洪水预见期、提高下游防洪主动性的目标可望在未来3年内逐步实现。

黄河水质的不断恶化是近年来治黄面临的一个新的问题。2002年,黄河上先后有两座水质自动监测站分别在花园口和潼关建成,其先进的技术手段为改善黄河水质、保护生态环境提供了可靠的技术支持和决策依据。

"模型黄河"与"原型黄河"建设,作为实现治黄"四不"目标的重要组成部分,也在2002年迈出了开创性的步伐。按照黄河水利委员会党组的部署,黄河水利科学研究院等单位组织科研力量联合攻关,以科学、系统、先进、便捷为原则编制完成了《"模型黄河"工程规划》。根据规划的内容,部分建设项目开始启动。三门峡水库模型厅的设计已经完成,小浪底水库模型厅和下游河道下延模型厅的设计也正在进行中。

通过"模型黄河"的建设,能够对"原型黄河"所反映的自然现象进行反演、模拟和试验,从而揭示其内在的自然规律。它既可以为"原型黄河"提供治理开发方案,也可以为"数字黄河"工程建设提供物理参数,并以此为契机逐步建成国家级实验室,使之成为研究黄河重大问题的一个重要基地。"原型黄河"建设按计划完成放淤固堤、险工加高改建、河道整治等各项防洪工程建设任务。

2002年7月9日,亚行贷款黄河防洪项目全面启动。这是中国政府与亚洲开发银行在防洪领域合作实施的第一个贷款项目。该项目利用亚洲开发银行贷款1.5亿美元,通过大规模加固黄河下游干堤和加强防洪非工程措施建设,将进一步提高黄河下游防洪能力,完善黄河防洪管理体系。

作为"原型黄河"建设重点的标准化堤防示范工程,也已在河南、山东两省黄河大堤全线开工。在黄河水利委员会及下游两省河务局的高度重视下,标准化堤防建设严格按照基本建设程序和制度来进行,工程进度和质量都得到了很好的保证。随着这项工程的开工建设,黄河下游大堤将在未来十年内全部建成以防洪保障线、抢险交通线和生态景观线为主要内容的标准化堤防。千里黄河大堤将成为新的"水上长城",成为生态良好的绿色长廊。

三、绿色颂歌再度奏响

2002 年,继我国北方地区连续几年的干旱之后,旱魃再次肆虐黄河。干流主要水文站径流量接近历史最枯记录,天然来水量的锐减直接造成龙羊峡、刘家峡、万家寨、三门峡、小浪底五大水库的蓄水量比去年同期减少近 68.7 亿立方米,可调节水量仅 37 亿立方米,比去年同期少 74.6 亿立方米。

在这样一个黄河来水特枯年份里,下游山东省又遭遇了百年不遇的特大干旱,受旱面积一度高达 7000 万亩,重旱 1760 万亩,1000 万亩农作物干枯死苗,792 万人出现饮水困难,500 多家工业企业实行定量供水、限量生产或停产,直接经济损失达 100 亿元以上。与此同时,华北部分地区尤其是天津市也正面临"水荒"。

旱情引起了中央领导的高度重视! 9 月 25 日至 27 日,温家宝副总理代表国务院赴山东省、天津市考察旱情时,向水利部和黄河水利委员会下达了调水 8 亿立方米支援下游抗旱的任务,要求切实做好黄河水资源的统一调度和合理配置,努力实现既缓解沿黄省区的缺水困难,又保证黄河不断流的目标。

面对引黄供水和防断流的双重考验,黄河水量调度的形势异常严峻。这是自 1999 年国务院授权黄河水利委员会对黄河水量进行统一调度以来最为困难的一年,也是压力最大的一年。

为了使母亲河断流的梦魇不再重演,为了最大限度地满足沿黄地区的供水需求,黄河水利委员会把水量调度作为压倒一切的中心工作,全力以赴,妥善协调各方用水需求,采取接力传递的方式,充分挖掘干流水库的潜力,进行梯级补水送水。同时,适当压减上中游各省区的引黄水量,千方百计"挤"出8亿立方米黄河水以解下游山东燃眉之急。

在水量调度过程中,沿黄有关省区和水利枢纽管理单位顾全大局,积极配合,相互支持,按调度指令,及时加大了水库下泄流量、关闭了引水闸门,牺牲局部利益支援下游。

为了用好这弥足珍贵的8亿立方米水,黄河水利委员会水调、防汛、水文等部门密切跟踪监视水情、雨情变化,及时了解各地旱情、墒情及用水需求,加强实时调度。根据水库蓄水情况、来水情况,滚动分析水情变化,细化调度方案,提高时效性和可操作性。精打细算,把节约每一立方米水的思想落实在每个调度的环节中。山东、河南两河务局大力推行水量调度责任制,采取订单调水等有效措施,加强了水量调度的管理工作。

一场水量特枯年份里水资源的大跨度调配,就这样在数千公里的黄河上全面展开。

字幕:经过全河上下的通力协作,自9月20日至10月21日,一个月内向山东供水9.31亿立方米,超额完成了国务院下达的调水任务。

刚刚缓解了山东的旱情,国务院要求向天津供水的紧急命令接踵而至,引黄济津迫在眉睫。

接到命令后,黄河水利委员会有关部门的同志克服困难,立即投入到新的调水战斗中。经过紧张的筹划和准备,10月31日上午10时25分,黄河聊城位山闸徐徐开启,金灿灿的黄河水穿过闸门,逶迤北上,直奔天津。正在"水荒"中煎熬的天津市民再次尝到了母亲河甘甜的乳汁。

同期声:(天津市民　齐慧玉)我们今天终于喝到了黄河水,这黄河水又甜又清。这是党中央对我们天津人民的关怀,我们一定要加倍珍惜这来之不易的黄河水。

2002 年,一个黄河上历史罕见的大旱之年,就这样在治黄工作者的精心调度和精心呵护下度过了危机,绿色颂歌再度奏响。

为了尽快把黄河治理开发与管理推上法制化的轨道,黄河水利委员会根据 2002 年 10 月 1 日新修订的《中华人民共和国水法》,对《黄河法》、《黄河水资源管理保护条例》的立项报告和法律草稿进行了修改、补充,同时还开展了黄河水量统一调度的立法前期工作。

2002 年,也是黄河水资源保护工作取得突破的一年,按照水利部提出的"从水质监测为主向流域水资源保护监督管理为主转变"流域水资源保护工作新思路,在黄河三门峡河段进行了水功能区监督管理试点工作,积极探索建立有黄河流域特色的水资源保护监督管理工作体系。

四、碧波荡漾居延海

让我们把目光投向远在河西走廊的黑河流域。2002 年,黑河的调水工作再谱华章,不仅圆满完成了当年分水的目标任务,而且两次把宝贵的黑河水送到了东居延海。

7 月上旬,受上游连续降雨影响,黑河莺落峡断面出现了三次洪峰过程,此时正值黑河中下游实施今年第一次"全线闭口、集中下泄"期间。按照黄河水利委员会的要求和部署,黑河流域管理局紧紧抓住这难得的机遇,制订了切实可行的技术方案,并做了大量的协调工作。

为提高调水效率,确保调水下泄质量,中游张掖地区以大局为重,层层落实责任制,沿河各县区按规定时间准时关闭所有的引水渠口和提灌站,并按照要求,把闭口时间由原来的 10 天延长到 15 天。

内蒙古自治区额济纳旗在水头到来之前也关闭了西河、纳凌河及东河干流各饮水口门,使入东居延海的水路畅通。与此同时,黑河流域管理局及时派出三个工作组,奔赴中游、下游上段和下游下段实施督察工作,并与地方水利部门组成联合督察组,实施昼巡夜查、封口堵漏。

滚滚黑河水经过 15 个昼夜的奔流,带着党中央、国务院的关怀,带着上中游人民的美好祝福和深情厚谊,满载额济纳旗人民的无限渴盼,流归干涸 10 年之久的东居延海。到 7 月底,东居延海最大水域面积达到 23.66 平方公里,入湖水量约 2350 万立方米。茫茫戈壁深处的东居延海再现碧波荡漾的场面。这是自 20 世纪 60 年代黑河断流以来首次通过人工调水实现全线通水。在黑河流域管理局和地方有关部门的共同努力下,9 月 22日,黑河水再次到达东居延海。

湖边沙尘下,那些蛰伏已久的芦草开始萌芽,三五成群的水鸟和阔别已久的白天鹅不时划过水面,濒临死亡的胡杨树正在复活,历史悠久的额济纳大地重新焕发出绿色生机。

同期声:(内蒙古额济纳镇苏苏木牧民 达布哈)以前这个湖是满的,后来一年比一年差。现在又来水了,我们又搬了回来,太高兴了。感谢党中央、国务院。

纳凌河畔,胡杨树下,土尔扈特部人载歌载舞,抒发着他们无比喜悦的心情。

五、首次调水调沙

"通过自主调控黄河水沙关系,冲刷下游淤积泥沙入海,进而由被动治黄走向主动治黄"。这是黄河人期待多年的巨大梦想。

在经过长期的探索论证、研究攻关和艰苦的准备后,黄河首次调水调沙试验终于要闪亮登场了。

字幕:

7月1日:进入调水调沙试验　倒计时第3天

7月2日:进入调水调沙试验　倒计时第2天

7月3日:进入调水调沙试验　倒计时最后一天

同期声:(黄河水利委员会　副主任　廖义伟)黄河水利委员会各有关单位,大河上下数千名职工都已经做好了充分的准备。

晨曦微露中的小浪底水库静若处子,波光粼粼,仿佛正在等待着一场新的洗礼。

字幕:2002年7月4日上午9时

同期声:(黄河水利委员会　主任　李国英)我宣布,黄河首次调水调沙试验正式开始。

2002年之夏,当首次调水调沙试验在黄河上成功举行之时,"调水调沙"一词,仿佛一夜之间,传遍了大江南北,黄河再次成为人们瞩目的焦点。

这是一次世界水利史上迄今为止最大规模的人工原型试验。按照预定的方案,从7月4日9时试验正式开始,到7月15日9时小浪底出库流量恢复正常,历时共11天,平均下泄流量为2740立方米每秒,下泄总水量26.1亿立方米。整个试验流量过程于7月21日全部结束。

黄河首次调水调沙试验开始不久,黄河中游便出现了一次高含沙洪水过程。7月4日23时,黄河龙门水文站出现洪峰流量为4600立方米每秒的洪水,最大含沙量达到790千克每立方米,小北干流局部河段发生"揭河底"现象;7月6日,小浪底库区又出现了异重流,给调度工作增加了很大难度。试验总指挥部根据实时水情,通过精心调度,保证了试验正常进行。据统计,在短短的 11 天中,三门峡和小浪底水库各泄水建筑物共启闭达 294 次,这在治黄历史上是相当罕见的。

黄河首次调水调沙试验不仅在"原型黄河"上开创了最大规模人工试验的先河,与之同步进行的"数字黄河"应用和"模型黄河"试验也历史性地首次结合。

调水调沙试验期间,几乎所有与水利有关的现代化技术和仪器都在这次试验中得到广泛应用。如天气雷达、全球定位系统、卫星遥感、地理信息系统、水下雷达、远程监控、图像数据网络实时传输等,为科学分析调水调沙效果提供了宝贵而丰富的资料。

"模型黄河"的实体验证也随即展开。7 月 19 日和 7 月 23 日,分别对小浪底库区实体模型、黄河下游游荡性河道实体模型进行了验证;7 月 24 日,又对有关单位和部门开发的 4 个小浪底库区数学模型、6 个下游河道冲淤演变数学模型进行了验证演算,并组成专家组对各模型进行了评估。

为完整监测试验过程中的水沙变化和冲淤变化情况,还在小浪底库区和下游河道共计 900 多公里河段上布设 494 个测验断面,取得了 520 多万组的海量基础数据。

试验期间,黄河水利委员会共有 15000 多名工作人员参与方案制订、工程调度、水文测验、预报、河道形态以及河势监测、模型验证和工程维护等工作。他们尽职尽责,无私奉献,充分展现了新时期治黄人的精神面貌和团结一致推动治黄事业不断前进的信心与决心。

字幕:经过对实测资料的分析计算,调水调沙试验期间,黄河下游河道净冲刷量为 0.362 亿吨,入海泥沙共计 0.664 亿吨,达到了预期的效果。

9 月 29 日,黄河水利委员会在北京召开专家咨询会,邀请部分院士及水利专家对调水调沙试验分析效果进行了论证咨询。专家们充分肯定了黄河首次调水调沙试验对探索黄河下游河床不淤积抬高、研究和维护黄河生态的重大意义,同时对下一步研究工作提出了中肯的意见。

六、生态建设谱新篇

"思路清晰、管理规范、重视科技、工作扎实"。这是2002年9月16日,在甘肃省天水市召开的黄河水土保持生态工程建设现场经验交流暨表彰会上,水利部领导对黄河水利委员会水土保持工作的高度评价。

在莽莽苍苍的黄土高原上,如何确定水土流失治理的方向和主要措施,是新时期水土保持工作面临的首要问题。经过多年科学研究和实践,黄河水利委员会在治理方向和措施布局上取得了重大突破,确立了以黄河中游7.86万平方公里的多沙粗沙区为重点区域,以淤地坝为主的沟道坝系建设为重点的治理思路。

2002年,水土保持部门紧紧围绕这两个重点,编制完成了《黄河中游多沙粗沙重点区域水土保持生态工程建设项目建议书》和《黄河上中游地区水土保持淤地坝建设2002年度实施方案》,得到了水利部和国家计委的初步认可,新增坝系建设投资6700万元。

以理顺投资管理和投资方向为突破口,全面启动实施了黄河水土保持生态工程。截至目前,黄河水土保持生态工程在11条重点支流的17个项目区、6个示范区、治沟骨干工程、重点小流域、世行贷款项目等五个主体项目的实施中全面推行了工程监理制,在示范区和部分治沟骨干工程建设中试行了项目法人制,取得了显著成效,基本形成集中连片、规模示范、相互支撑的工程格局。

为了切实落实朱镕基总理提出的封山禁牧、退耕还林的指导方针,按照水利部的部署,黄河水利委员会把依靠大自然的自我修复能力恢复自然植被作为一项重要措施,启动实施了包括黑河、塔里木河流域的 2 个县在内的共 12 个县 11 个项目区的生态修复试点项目,并取得了良好的开局。各项目区自然植被状况明显得到改观,充分显示出生态自我修复的巨大潜能。

2002 年 7 月 11 日,黄土高原遥感遥测应用取得重大突破。以引进和利用 3S 技术,对黄土高原进行普查和监测为主要内容的黄河流域水土保持遥感普查项目通过专家评审验收。此外,全数字摄影测量工作站以及黄河流域一级支流水土保持地理信息系统已建成使用,加快了黄河流域水土保持现代化的步伐。

在经历了长期的实践和艰辛的探索后,黄河流域的水土保持生态建设正朝着"再造一个山川秀美的西北地区"的宏伟目标阔步前进。

七、机构改革平稳"着陆"

机构改革是全河上下关注的热点,也是治黄改革中的难点,因为它关系着广大职工的切身利益,更关系着治黄事业能否以崭新的面貌来迎接新世纪的挑战。

2002 年 4 月 1 日,黄河水利委员会机构改革动员大会在郑州召开。

同期声:(黄河水利委员会 主任 李国英)黄河水利委员会的机构改革势在必行,而且迫在眉睫。不改革将会影响到黄河治理开发和管理的现代化推进,不改革就要影响到水利部党组新的治水思路的落实。如果不改革,黄河水利委员会党组提出的新的黄河治理开发的任务就无法完成。

一系列相关的配套办法同时出台,备受人们关注的机构改革正式拉开帷幕。

整个机构改革的过程一直按照预定的计划自上而下、有条不紊的进行。至 5 月 31 日,历时两个月的黄河水利委员会机关机构改革全部结束,人员基本到位。4 月 30 日,黄河水利委员会党组批复了所属 14 个事业单位的"三定"方案,委属各单位机关机构改革也于 6 月 20 日完成,其所属基层单位的机构改革也将于近日全部完成。

在这次机构改革中,除机关部门一把手外,全员解聘,重新竞争上岗。几乎一夜之间,大家都站在了同一个起跑线上。不论是个人报名、演讲答辩,还是民主推荐、组织考察,所有程序均体现了"公开、公平、公正"的原则。竞争上岗让几乎所有的人都产生了一种不努力学习和工作就会被时代所淘汰的危机感。

通过机构改革,机关部门班子及处级干部平均年龄从机构改革前的 44 岁下降到机构改革后的 40 岁,其中副处级干部平均年龄从机构改革前的 44 岁下降到机构改革后的 37 岁。机关工作人员由原来的 387 人精简为 317 人,精简幅度约 20%,实际分流 107 人,分流安置工作平稳顺利。

特别是黄河水利委员会首次将聘用制度和岗位管理制度引入一般岗位竞争机制,实行双向选择,竞聘上岗,以岗择人,以岗定人,建立了一套使优秀人才脱颖而出、富有生机与活力的用人机制,为人尽其才、才尽其用创造了一个良好的用人环境。

黄河水利委员会机关及委属单位的机构改革顺利完成后,随之进行了基层单位的改革。基层单位是黄河治理开发与管理现代化的基石,基层单位的改革能否顺利推进事关黄河水利委员会整个机构改革的成败。为此,各级领导一方面做深入细致的思想政治工作,一方面创造良好条件,引导职工向工程养护、维护岗位转岗,向供水单位以及企业转岗。

正当黄河水利委员会的机构改革全面铺开之际,国家出台了《水利工程管理体制改革实施意见》,为大河上下涌动的改革春潮注入了新的动力。根据该意见,黄河水利委员会对 72 个基层水管单位的体制改革提出了指导性意见。其改革的核心是"管养分离",通过改革建立符合市场经济的运行机制,实现水利工程的专业化、科学化管理与维护。

改革是时代的最强音,是新形势下治黄事业发展的必然要求。我们欣喜地发现,在经过改革的阵痛和洗礼后,那些曾经阻碍治黄事业发展的旧的生产关系一一被冲破,大河上下正在焕发出与时俱进的全新活力。

八、经济工作再创佳绩

面对市场经济体制的建立,如何致力于发展全河经济? 在新的历史条件下,怎样才能进一步提高黄河水利委员会职工生活水平? 这是黄河水利委员会党组和各级领导一直深深思考的问题。

黄河水利委员会的经济工作在经历了计划经济向市场经济转变过程中的挫折和彷徨之后,通过不断实践和探索,转变了思路,明确了方向,逐步走出了一条立足治黄事业,发挥自身优势,勇于开拓市场,在竞争中求发展,在发展中不断增强自身实力,求得更大发展的良性道路。

过去,黄河上的基层单位普遍依靠黄河堤防工程建设来养活队伍。如今,在市场经济的动力牵引下,许多单位积极主动地开拓外部市场,获得显著经济效益。

河南新乡市河务局第一工程处抓住国家推行"三项制度"改革的机遇,率先参加工程项目投标,锻炼了队伍,增强了实力。

山东黄河工程局对外开拓市场成效显著,今年承揽工程合同总额3.19亿元,其中外部承包合同2.87亿元,占到了近90%的份额。

黄河上中游管理局以水土保持技术咨询为龙头,开展多种形式的经济创收工作,也取得了良好的效益。

黄河水利委员会勘测规划设计研究院积极推进改企建制工作,坚持一业为主、多业并举、全面发展的方针,在完成好各项治黄事业的同时,认真做好南水北调西线工程的相关工作,努力开拓国内外市场,单位的综合实力持续增强。

三门峡枢纽局加大了结构调整和股份制改革的力度。2002年先后挂牌成立了明珠机电工程有限责任公司和洛宇水产有限公司,努力做好水、电、金属冶炼、水产养殖四篇大文章,企业经营运行质量有了全面提高。

充分利用黄河的土地和区位资源优势开展多种经营,为一些单位带来了显著经济效益。山东河务局在对现有淤背区土地开发的基础上,增加基础设施投入,改革经营机制,大力发展林、果、苗等高效作物,基本形成了以林为主的农业种植结构,并取得了明显的成效。河南河务局以花园口国家级水利旅游景区为依托,大力发展旅游业,带动了全局的产业结构调整。陕西河务局抓住时机,打好生态农业这张牌,他们所建的黄河生态园在当地远近闻名。山西河务局充分利用滩涂资源优势,拓垦土地,开发经济园林等,不仅给本单位带来了效益,也为地区经济发展做出了贡献。

随着黄河水资源供需矛盾的加剧,以供水工程为龙头,加大水费征收力度,正在成为全河新的经济增长点。

经过全河干部职工的共同努力,2002年的经济工作基本完成了年初制定的经营收入目标,全河经济收入突破30亿元,较2001年增长10%。

经济的发展,实力的增强,为职工生活水平的提高奠定了坚实的基础。2002年,为改善职工办公及生产生活条件,黄河水利委员会集中安排基础设施建设和小型基建投资4700多万元,重点解决了一批基层单位特困职工的住房问题以及吃水、用电、供暖、危房改建等问题。黄河水利委员会机关一期职工住宅楼全部交付使用,职工生活环境大为改善,二期建房工作也在紧锣密鼓地进行中。

黄河基层水文站由于大部分设在交通不变、生活环境较为艰苦的偏远地区,长期以来存在着饮水水源不足或水质较差等问题。对此,黄河水利委员会党组高度重视,把这件事情作为实践"三个代表"重要思想的重要体现,并郑重承诺:2002年底前全部彻底解决基层水文站吃水难的问题。按照黄河水利委员会党组的要求,水文局各级领导狠抓落实,采取打井,从河中抽水,接当地自来水管网引水和净化水质等措施,全面解决基层同志吃水难问题。2002年12月20日,黄河水文基层单位专项吃水工程的告竣,全河水文基层职工终于喝上了干净的饮用水,用上了方便的生活水,这标志着黄河水利委员会党组年初的郑重承诺得以兑现。

同期声:(黄河基层水文职工)这水比以前好多了。以前这水有时候从外面买,或者去外面提。这个水的水质比以前那个水好,以前那个水杂质多,还有泥,含铁多,这个水看着很清,喝着很甜。

2002年,全河各级部门以落实"两费"为重点,把关心离退休人员生活落到实处,切实为他们解决生活中的困难,为保持离退休人员的生活稳定,实现老有所养、老有所乐、老有所为、老有所医的晚年生活提供了保障。

九、精神文明建设结硕果

2002年11月召开的党的十六大是我国政治经济生活中的一件大事。全河各单位、各部门及时组织干部职工收听、收看十六大盛况。十六大闭幕后,黄河水利委员会党组立即组织理论学习中心组(扩大)会议传达十六大精神,把传达提纲迅速印发全河学习,起草了《关于认真学习贯彻党的十六大精神的通知》。12月17日至19日,又在郑州举办了全河十六大报告学习交流会,黄河水利委员会主任李国英结合学习贯彻十六大精神,深入分析了黄河治理开发与管理事业当前面临的形势,并从十个方面全面部署了全河 2003 年的 50 项工作任务。

全河上下通过认真学习十六大报告等重要文件,深入贯彻实践"三个代表"重要思想,大力推进党的建设和精神文明建设。

黄河水利委员会机关各部门的党组织改选和换届工作于十六大前夕全部完成,机关离退休干部党委也正式成立。积极开展"创先争优"活动,对表现突出的 10 个先进党支部、46 名优秀共产党员和 13 名优秀党务工作者进行了表彰。

强化了党风廉政建设责任制,形成了完善的责任网络体系。坚持标本兼治,加大从源头治理腐败的力度,受到中纪委、人事部的表彰。在干部队伍的建设中严格执行中央《党政领导干部选拔任用工作条例》的规定,规范干部选拔任用机制。

在全河范围实行领导干部离任审计和领导干部任期经济责任审计联席会议制度,加强监督检查,使治黄资金管理和党风廉政建设取得了新的进展。

结合治黄事业发展的新形势,深入开展思想政治工作,加大文明单位创建力度。目前,全河文明单位达到 90%,黄河水利委员会机关 2002 年顺利通过省文明委的复查验收,并获得"全国水利系统文明单位"的称号。

黄河水利委员会的职工之家建设,无论是硬件,还是软件,都进一步得到了加强。据初步统计,全河创建合格职工之家 103 个,先进职工之家 91 个,荣获全国模范职工之家 2 个。为促进职工身心健况,还组织开展了游泳比赛、乒乓球比赛以及美术、书法、摄影展览等一系列职工喜闻乐见的文体活动,活跃了职工文化生活。

新闻宣传出版中心紧紧围绕治黄中心工作,精心策划,出精品、上档次、上规模,形成宣传强势,进一步发挥了舆论导向作用,为治黄事业持续发展创造了良好的社会氛围。

移民工作在项目管理、监理研究等方面取得新的突破,特别是"移民监理研究"成果荣获河南省科技进步二等奖。安全生产、职工教育、医疗卫生等方面工作也都取得了新的成绩。

九曲黄河,奔腾向前。回眸2002年,黄河人几多拼搏,几多辉煌,在黄河治理开发与管理现代化的进程中留下了浓墨重彩的一页。新的一年已经到来,全河上下将在十六大精神指引下,继续保持昂扬的斗志,努力拼搏,开拓进取,为实现黄河的长治久安作出新的贡献。

统筹:郭国顺 常健

撰稿:侯全亮 李肖强

摄像:王寅声 李亚强 叶向东 马麟 吕应征

编辑:邢敏 张静 王晓梅 胡霞

文字整理:李臻

2003年1月全河工作会议播出

这是跌宕起伏的一年。

这是亮点纷呈的一年。

这是让黄河人激情豪迈的一年。

2003年的黄河旱涝交替，复杂多变。面对一场场突如其来的严峻考验，大河上下众志成城，顽强拼搏，在治黄现代化征程上谱写了一曲曲气势恢宏、激越澎湃的时代乐章。

盘点——黄河2003

治黄现代化鼓帆劲发

进入21世纪，面对国民经济和社会可持续发展的新形势、新要求，如何实现黄河"堤防不决口、河道不断流、污染不超标、河床不抬高"的治理目标，使母亲河能以健康的身躯走向未来，更好地造福中华民族，是迫切需要新一代黄河人作出回答的战略问题。

全面建设"原型黄河"、"数字黄河"、"模型黄河"，这是黄河水利委员会党组带领全河4万职工向现代化治河体系迈进的伟大实践。为了这一天，更为了古老黄河的美好未来，黄河人不知熬过了多少个殚精竭虑的日日夜夜。

2003年，作为"原型黄河"工程建设的重头戏，标准化堤防开始呈现出壮美的画卷。巍峨坚固的堤防，平坦顺达的柏油路，整齐划一的行道林，造型别致的常青树……在勤劳的黄河人手中，千里大堤正在变为名副其实的防洪保障线、抢险交通线和生态景观线。

演进在计算机里"数字黄河"，正在阔步推进，下游新建的43座引黄涵闸远程监控系统相继告竣，为确保黄河不断流增添了新的生力军。目前，这种现代化的引黄涵闸已经发展到62

座,占整个下游引黄涵闸的64%。它使人们真切地感受到"数字水调"就在身边。"小花间"暴雨洪水预警预报系统建设开始启动,在线测沙改写了传统水文的测验历史。

正是因为有了"数字水文"的支撑,黄河水文人实现了由防汛"哨兵"向"侦察兵"的角色嬗变。

基于地理信息系统的黄河下游二维水沙演进数学模型投入研制;黄河防洪决策支持系统的全面应用,极大地丰富了"数字防汛"的内涵,使防汛决策更加科学、更加从容。在防汛指挥中心,足不出户,轻点鼠标,千里之外的汛情、险情、灾情、工情立时毕现,各种防汛数据一目了然。

随着黄河流域水土保持生态环境监测系统的启动建设,"数字水保"工程建设进入全面实施阶段。3S技术、计算机网络技术的引入为提高水土保持防治和管理水平注入了新的活力。与此同时,实验室里的"黄河"也更加丰满起来。

按照"项目齐全、功能完备、设施一流"的总体要求,"模型黄河"工程建设紧锣密鼓,进度加快。三门峡库区模型建成运用,小浪底库区模型与下游河道模型开始扩充、延长,现代化的模型测验与监控设备研制取得了重大突破。

尤其令人欣喜的是,无论是迎战秋汛的抗洪斗争,还是旱情紧急情况下的水量调度,"三条黄河"已经实现整体联动,它们三位一体,互为支撑,共同提升着治黄现代化水平。

字幕:2003年11月26日,一个值得在治黄史上大书一笔的日子。这一天,《"模型黄河"工程规划》获得水利部的批复,此前的4月24日,水利部批复了《"数字黄河"工程规划》,连同2002年7月国务院批复的《黄河近期重点治理开发规划》,"三条黄河"建设框架正式构建完成。

百日紧急大调水

挥之不去的旱魃似乎老是要跟黄河作对。2003年上半年,黄河来水量达 50 年来的最低点,干支流水库蓄水严重不足,龙羊峡、刘家峡水库一度跌至死水位,大河上下用水需求呼声四起,黄河再次面临断流危机,水调形势异常严峻。

为了迎战这场空前的水资源危机,黄河水利委员会及时组织编制了《2003 年旱情紧急情况下的黄河水量调度预案》(简称《预案》)。经国务院同意,水利部批准实施,《预案》明确提出在水量调度中实行行政首长负责制、省区间断面流量责任制和水利枢纽泄洪控制责任制。这在我国大江大河治理中尚属首例。

4 月 1 日,黄河进入紧急水量调度期。面对前所未有的困难,黄河水利委员会各级将水量调度作为压倒一切的中心任务,加大水资源管理和水量调度的力度,全面启动应急调动机制,出台了一系列管理办法和规定。

4～5 月,泺口、石嘴山、潼关、头道拐等水文断面引水量急剧减少,先后 8 次报警。根据《黄河水量调度突发事件应急处置规定》,黄河水利委员会对这些突发事件快速进行了处理,避免了随时可能发生的黄河断流。《黄河重大水污染事件应急调查处理规定》的出台,可谓正逢其时。5 月 8 日,兰州河段发生重大水污染事件。由于启动应急快速反应机制,仅仅十几分钟的时间内,污染事故便传到了几千里之外的黄河水利委员会。黄河水利委员会及时决策,使得一场重大水污染危机得以迅速化解。为精细调度每一立方米水,黄河水利委员会新开发了春季、夏季枯水调度模型,对调度方案逐日逐河段地进行滚动分析,优化配置。当确认不会断流时,才向小浪底水库下达调度指令。该调度模型所建议的放水方案,既不会浪费,也不会断流,总是那样恰到好处。黄河水量调度系统的日益完善,为这条伟大的河流筑起了一道生命防线。

字幕:截至 7 月 10 日,2003 年黄河紧急大调水历时百天,使濒临断流之危的黄河化险为夷。母亲河又一次渡过难关,舒展身躯,奔流入海。

黑河再奏绿色颂歌

2003 年是实现国务院制定的黑河三年分水方案的最后一年,也是最为关键的一年。远在河西走廊千里之外的黑河调水工作成为无数目光关注的焦点。

千里之外的河西走廊,黑河调水捷报频传。在无数目光的关注下,黄河水利委员会黑河流域管理局努力践行国家可持续发展战略和水利部党组的治水新思路,统筹考虑各方用水需求,精心编制方案。在调水关键期实施"全线闭口、集中下泄",根据不同来水情况,滚动分析水情,实时修正、调整调度方案,奔波往来于大漠深处和黑河两岸,加强科学调度和监督检查。

在各有关方面的配合下,2003 年 8 月 14 日,黑河水再次抵达东居延海,水面最大时超过 31 平方公里。9 月 24 日,调水前线又传佳音。大漠戈壁上,西居延海也迎来了阔别 43 年之久的黑河水。碧波荡漾,群鸟云集,绿洲复苏,额济纳大地重现勃勃生机。

字幕:黑河调水的成功实践,标志着国务院确立的黑河流域综合治理阶段性目标已经实现。同时,黑河流域水资源统一规划、统一调度、统一管理初见成效,也为整个西北地区内陆河流域的管理探索出了一条新路。

运筹帷幄决胜秋汛

2003 年 8 月下旬,黄河流域遭遇历史罕见的"华西秋雨"天气,出现了历史上少有的 50 多天的持续降雨过程。黄河干支流相继出现 17 次洪水,其中渭河发生了首尾相连的 6 次洪水过程。这是自 1981 年以来,黄河发生的历时最长、洪量最大的秋汛。

面对滔滔而来的洪水，人们再次将目光聚焦在防汛决策的中枢——黄河防汛总指挥部。这里是运筹全局、决胜洪水的关键所在。然而，在如此复杂的情势下，做出正确的抉择，科学的调度，实现多赢目标，又是何其艰难！

难就难在，洪水历时长，而且每次发生的边界条件和河情都不相同。在整个调度过程中，三门峡水库的运用受限于潼关高程问题，故县、陆浑水库库容又相对较小，小浪底水库虽有较大库容，但因该水库为土石坝，且为首次高水位蓄水运用，为安全起见，运用水位必须分阶段抬高，除短期运用外，最高运用水位不能超过260米。此外，为满足防凌要求，也不能蓄水过多。

难就难在，一方面，洪水后浪叠前浪源源不断，水库有效拦洪库容越来越小，调度空间极其有限；另一方面，由于洪水持续时间长，下游险情、灾情日益增多，不能再增大下泄流量。

由于存在诸多难点，各种矛盾也随之尖锐。

同期声:(黄河水利委员会　主任　李国英)什么矛盾呢？是局部救灾和整体防洪的矛盾、降低潼关高程和三门峡水库运用方式的矛盾、水库安全和下游滩区安全的矛盾、防洪与蓄水的矛盾、防洪和防凌的矛盾等。这些都交织在一起，使得水库调度的每一次抉择都需要非常非常的慎重，所以，我们每次在给小浪底水利枢纽建设管理部门签发调度指令的时候，都是从晚上8时会商到凌晨4时，才能会商出一个结果。

面对严峻的洪水考验，黄河防汛总指挥部经过科学分析，综合考虑拦洪、减灾、减淤、洪水资源化等因素，始终把实施干支流小浪底、三门峡、陆浑、故县水库水沙联合调度运用，作为今年防汛工作的重中之重。

针对6次大的洪水过程，采取了相应的调度措施，气势汹汹的洪水，一次次化解在黄河防汛总指挥部的精细调度中。"四库联调",将花园口站洪水流量一直控制在2700立方米每秒及其以下,削峰率达60%～70%,从而大大减轻了下游的受灾损失。

其实,这场防汛大战在洪水到来之前的河道清障攻坚战就已经打响。这是正确处理眼前利益与长远利益、局部利益与根本利益,确保黄河防汛安全的一项重大举措。

汛前,随着黄河防汛总指挥部一道道清障令的发出,晋陕豫鲁四省河务部门以坚决的态度、果敢的行动,对河道内严重影响行洪的片林和违章建筑进行了全面清除。短短20多天内,共有1300多万株违章片林被清除,数十处违章建筑被拆掉。

此后发生的秋汛,给这次摧枯拉朽的清障行动的正确性和适时性做出了有力的证明:只有人尽其责、水畅其流,才能使防洪多一分安全,少一分危险。

6月25日至27日,黄河防汛总指挥部精心组织了一场使所有的防汛成员单位全面经受战斗洗礼的大规模合成演练。

水文预报、洪水处理、机动抢险、"四库联调"、迁安救护、物资调运,一个个重要防汛环节,都在一场压缩为三天两夜的洪水实战背景下模拟进行。水文测报预报系统,异地视频会商系统,工情、险情查询系统同时启动;多套数学模型、实体模型对技术方案跟踪演算、实时分析。这次合成演练结束两个月后,一场多年未遇的秋汛几乎重复了演练的题目。这也许是一种巧合,但却给我们留下了深刻的启示:"凡事预则立,不预则废"。只有做好充分的准备,才有打胜的希望。

字幕:由于"四库联调"在2003年秋汛中的成功运用,黄河下游按常规调度可能形成的417万亩漫滩面积变为实际淹没47万亩,可能被困人口130万人变为实际受灾14万人,可能需外迁人口由45万人变为实迁3.6万人。

调水调沙大写意

黄河为患,根在泥沙。自古以来,多少矢志于黄河治理的仁人志士,为此进行着不懈地努力和探索,试图通过各种有效手段来减少黄河下游河道的淤积,破解它千百年来的泥沙输移规律。

2003年7月30日,黄河中游府谷出现13000立方米每秒的洪水,接着,历史罕见的"华西秋雨"使黄河中游干支流洪峰接连不断。陆浑水库突破汛限水位!故县水库突破汛限水位!作为黄河防汛"王牌"的小浪底水库水位持续上涨,突破248米的汛限水位,最高时超过260米!情况紧急,时不我待。

在此后的80多个日日夜夜里,黄河防汛总指挥部面临着局部救灾与整体防洪,水库运行安全与下游滩区安全,防洪、蓄水和发电多方利益冲突等多重矛盾交织的局面。

艰难的抉择,让防汛指挥员们彻夜难眠。不同思路、不同观点的激情碰撞,迸发出一串串智慧的火花。

字幕:在综合考虑各方面因素,权衡利弊后,最终产生了一种全新的调度思路——"小花间"无控区清水负载,小浪底调水配沙。

"无控区清水负载,小浪底调水配沙",就是利用小浪底水库调控中游高含沙浑水,使之与支流伊、洛、沁河的清水在花园口实现对接。一个全新的大空间尺度的调水调沙方案诞生了!

然而,一旦设想付诸行动,难题也接踵而至。

如何确定高含沙浑水在小浪底水库内的停留时间?怎样实现这些高含沙浑水与伊、洛、沁河清水准确对接?如何合理调度小浪底水库的宝贵库容,破解拦粗排细这一水库运用的世界级难题呢?

在防洪调度过程中,黄河防汛总指挥部通过前期实测资料分析、数学模型计算和实体模型试验,综合考虑水量、沙量、水库运用和黄河下游防洪安全等因素,缜密安排,精细调度。三门峡水库敞泄排洪排沙;小浪底水库前期以小水大沙运用为主,中期调整沙量,后期清水冲刷,保证库区及下游河道减淤。

与此同时,原型黄河水沙测验体系全面启动。水文部门加密了重点水文测验断面的测验频次,及时提供最新的流量、含沙量信息,为科学调度小浪底等水库群做好服务。

源源不断的高含沙洪水经过三门峡水库合理的泄洪排沙后,在小浪底库区形成了异重流。水文部门严密监测异重流在向小浪底坝前移动过程。小浪底水库适时打开孔洞,将细沙洪水排出去,成功实现了小浪底水库拦粗排细。

由于黄河干支流来水、来沙量瞬息万变,从小浪底到花园口还有约130公里的流程,要做到花园口断面的洪水含沙量稳定保持在30千克每立方米左右,实在是难之又难。黄河防汛总指挥部根据伊、洛、沁河流量、来水量,每4小时向小浪底水库下发一次指令,适时调整闸门开启的时间、孔洞数、流量、排沙量等关键数据,控制小浪底水库下泄流量、含沙量等标准,从而使花园口的流量、洪水含沙量保持稳定状态。

9月6日,清水与浑水如期而至,在花园口断面成功对接。

如果说2002年的黄河首次调水调沙还是一次初露锋芒、投石问路的尝试,那么2003年这场调水调沙无论从水库群调度的规模、时间,还是在空间尺度上,都更加广阔和多维,效果也愈加明显。这样一场前无古人的大空间尺度的调水调沙,为波澜壮阔的黄河治理开发与管理增添了点睛之笔。生生不息的黄河因此而显得更有朝气、更加灵动、更加辉煌!

字幕:历时13天的2003年调水调沙试验把1.2亿吨泥沙输送至大海,日益萎缩的下游主河槽各断面过流能力增大100～400立方米每秒。它标志着大空间尺度上的调水调沙试验取得巨大成功。

"东垆裁弯"之战

潼关,这个"鸡鸣三省"的古关隘,历来为兵家必争之地。

黄河最大的支流——渭河由此汇入黄河。1960年9月，三门峡水库开始蓄水后，潼关高程迅速抬升，使得渭河排入黄河口处形成"沙槛"，流路不畅，回水倒灌，严重威胁关中平原的防洪安全。

几十年来，为了控制潼关高程，三门峡水库两次改建，治黄工作者对此进行了艰苦的探索。但是，由于渭河不利水沙条件的影响，潼关高程仍然居高不下。

2003年4月，黄河水利委员会决定把降低潼关高程作为近期治黄工作的重要目标之一，确立了东垆裁弯取直、库区河段河道整治、小北干流河段放淤试验、北洛河改道入黄等一揽子方案。作为这一整体方案的首项试验工程——东垆裁弯工程备受关注。

东垆湾，位于三门峡大坝以西60公里左右的大禹渡—稠桑河段。由于受河床边界条件和来水来沙条件的影响，黄河在此处形成"Ω"形河湾，使河道长度增加，纵比降变缓，挟沙能力降低，河道淤积加重。为此，黄河水利委员会决定因势利导，采取缩短其河长、稳定其流路的措施，以期达到排沙减淤、降低潼关高程的目的。

为了赶在主汛期到来之前完成这项工程，黄河水利委员会先期自筹资金600余万元，体现了求实负责的大局意识。

汛期越来越近，工期越来越紧，而东垆裁弯取直工程却面临重重困难，先是老天不开颜，一个多月的工期，阴雨天气占用了一半，接着就是持续的高温。

经过连续奋战，工程于7月30日完工。8月1日，黄河洪水如约而至，连续5次洪水恣意肆虐、横冲直撞，严重威胁着初出襁褓的裁弯取直工程。

黄河水利委员会下达了"死保裁弯取直工程"的命令，并派出专家小组，连续数月坐镇指挥，紧急调集抢险物资，支援这里的抗洪抢险。

此时的东垆裁弯工地两面临水,腹背受敌,大量的抗洪物资需从6公里外的弯道水面运输,难度之大可想而知。

黄河人凭着一股子执着的干劲和坚强的毅力,几经殊死博斗后,终于控制住了频频出现的险情,保住了裁弯试验工程。

艰辛的努力,换来的是这样一组来之不易的数字:10月19日,潼关高程最新监测数据为327.94米,较汛前6月的328.82米降低了0.88米。尽管目前我们尚未就各种因素对这0.88米的影响作出准确分析,但我们却有足够的理由坚信,东垆裁弯工程对潼关高程的降低,作出了重大贡献。

向"二级悬河"进军

2002年,黄河首次调水调沙试验暴露出一个不容忽视的问题:黄河下游局部河段1800立方米每秒的流量就漫了滩,而在1998年,下游4000立方米每秒的流量都没有出槽。这说明近年来黄河下游主河槽的淤积速率,远远大于历史上的任何一个时期,加快"二级悬河"的综合治理已迫在眉睫。

2003年,在下游这段被称为"豆腐腰"的河段,黄河人对另一严峻挑战——"二级悬河"首次擂响了战鼓。

20世纪70年代,尤其是80年代中期以来,黄河下游水沙量、洪峰频次和洪峰流量显著减少,致使主槽淤积,河道萎缩,平滩流量显著减小,逐步形成"槽高、滩低、堤根洼"的不利局面,"二级悬河"由此而生。

为探讨"二级悬河"的形成机理,分析其危害及发展趋势,寻求治理的有效措施,2003年1月18日至21日,黄河水利委员会在濮阳市召开了黄河下游"二级悬河"治理对策研讨会,110余名水利专家,仁者见仁,智者见智,为治理"二级悬河"建言献策。

同期声:(黄河水利委员会　主任　李国英)我宣布,黄河下游"二级悬河"治理试验工程开工!

2003年6月6日上午10时20分,随着黄河水利委员会主任李国英通过远程视频会商系统发出的开工令,集结待命在濮阳双合岭断面的数支施工队伍,立即启动挖泥船、泥浆泵等大型机械设备。试验现场机器轰鸣,水流激射,向"二级悬河"发起冲击。

字幕:2003年,"二级悬河"治理试验工程的全面展开,对于我们提高治理"二级悬河"重要性的认识,未雨绸缪,加快治理步伐,确保黄河下游防洪安全具有深远的战略意义。

淤地坝闪亮启动

黄河流经世界上最大的黄土高原,平均每年从这里带走16亿吨的泥沙。斩断黄土高原千沟万壑的产沙之源,减少入黄泥沙,就被视为黄河治理根本之策。

科学实践表明,淤地坝是减少入黄泥沙的根本性措施。在千千万万条沟道中修建淤地坝,就地拦沙淤地,化害为利是实现黄河长治久安的最佳选择。正因为如此,2003年,水利部明确提出把淤地坝建设作为全国水利工作的三大亮点工程之一,要求重点抓紧、抓好。

为了抓紧编制《黄土高原地区水土保持淤地坝规划》,黄河水利委员会超前介入,雷厉风行。早在年初就抽调近百名工程技术人员组成规划编制组,夜以继日,辛勤工作,反复论证,数易其稿,于2003年2月完成规划编制任务。

6月11日,水利部审查通过了这部规划。这也是水利部"三大亮点"工程中通过的第一个规划。

根据规划,到2020年,黄土高原地区将新建淤地坝16.3万座,它们建成后,将形成以小流域为单元,以水土保持骨干坝为重点,中小淤地坝相配套,拦、排、蓄相结合的完整的沟道坝系。

初步测算,可年均减少入黄泥沙7亿吨。

2003年11月8日,黄河中游水土保持委员会第七次会议宣布了一个令人振奋的消息:黄土高原地区水土保持淤地坝工程全面启动。我们相信,这项具有划时代意义的水土保持工程,一定能让饱经沧桑的黄土高原披上绿色的盛装。

安得广厦千万间

如果不是这块门牌作标志,您也许不会相信,这就是黄河基层河务段的办公楼。如今,这种花园式的洋房在黄河基层河务段已屡见不鲜……

2003年,黄河水利委员会各级领导班子,努力践行"三个代表"重要思想,继续把改善职工生产、生活条件作为头等大事来抓。山东河务局为解决职工住房困难的状况,千方百计"挤出"资金用于补助各单位新建、改建职工住房,山东省河务局防汛调度指挥中心与办公楼拆建项目建议书已经批复,立项工作全部完成。

河南河务局积极改善基层单位的办公条件,全局通过集资等方式为职工新建住房9万多平方米,近千户职工的住房条件得到改善。

黄河上中游管理局机关搬迁全部完成,新的办公大楼环境舒适,条件优越。刚刚落成和正在建设的住宅楼,将为200多户职工解除后顾之忧。

2003年8月19日,黄河水利科学研究院建筑工地彩旗飘扬,机声轰鸣,黄河水利委员会二期集资建房主体工程开工。这次开工建设的5幢高层住宅楼,共548套住房,总建设面积10万平方米。

然而,迈出这一步又是何等的艰难!建设前期中,规划审批、建筑许可、资金筹措等一系列问题和困难摆在黄河水利委员会党组面前。但是,不管多么艰难,黄河水利委员会党组的决心始终如一:一定要让我们的黄河职工都能住上较为满意的房子。

黄河与世界的对话

黄河不仅是中华民族的母亲河,也是闻名世界的万里巨川,令许多国际水利专家为之神往。2003 年金秋季节,这种遥远的神往,终于化作了近在咫尺的对话。

10 月 21 日,首届黄河国际论坛在黄河水利委员会国际会议厅隆重举行。

来自 33 个国家和地区的水利官员和专家共 300 多人齐聚黄河之滨,共同探讨流域治理问题。

亚洲开发银行、国际水管理研究所、国家自然科学基金委员会、清华大学、全国人大环境资源委员会等纷纷出资出力协办。由流域机构发起并承办的这种大型国际河流会议在中国乃至世界范围内都是第一次。

论坛共收到 300 余篇论文,代表们以中国黄河为平台,围绕21 世纪流域现代化管理的中心议题进行了充分交流与对话。内容涵盖了当代水利科学研究的最前沿。许多国外水利专家对黄河治理与开发表示出了浓厚兴趣。

同期声:(墨累 – 达令河流域委员会 Don Blackmore)首先,我是受黄河水利委员会的邀请来参加此次论坛,目的是共同交流经验;其次,我也想对中国有更多的了解,对黄河有更多的了解,对中国的流域管理,当然包括黄河流域的管理有更多的了解。因此,我非常高兴来参加这次会议。

同期声:(密西西比大学教授 王书益)这次来参加黄河论坛,收获很大。尤其听到李主任讲的"三条黄河"规划,我觉得很有远见。要把黄河治好,需要很有效的措施,这个有效的措施需要由"三条黄河"来决定,一个"数字黄河",一个"模型黄河",

一个实地观测,即"原型黄河"。

同期声:(联邦德国水文研究院 教授 Emil Goelz)这是我首次来到中国,对本次论坛的组织我印象非常深刻。讨论黄河泥沙、河势、洪水和防洪问题很重要,我认为这些问题在使中国人民过上富裕生活方面非常重要。

此次黄河国际论坛形式多样、异彩纷呈,在轻松热烈的气氛中,黄河、墨累－达令河、罗纳河、泰晤士河世界四大江河的首席官员,就流域一体化管理的问题与黄河青年进行了激情对话,令会议别开生面。

论坛期间,中国与荷兰合作建立基于卫星的黄河流域水监测和河流预报系统项目正式启动。

关于黄河的对话,关于流域的治理,关于人与自然和谐相处的理念,这些都深深地植根于每个代表的心中。

展望2005年以"维持河流健康生命"为主题的第二届黄河国际论坛,"让黄河走向世界,让世界了解黄河"的构想将如徐徐打开的画卷,向世界展示河流管理的无限风光。

激越澎湃的黄河,伴随我们走过了难忘的2003年。回首旧岁,黄河人为取得的辉煌业绩而感到无比自豪;展望新年,各项治黄任务仍然十分艰巨。全河上下将更加团结一致,意气风发,扎实工作,开拓进取,大力推进"三条黄河"建设,为"维持黄河健康生命"而努力奋斗!

片尾曲:

今秋放歌

晨风中我们站在黄河边
聆听着那母亲的声声心跳
创业的激情奔腾千万里
挥洒着那新一代黄河人的自豪

回首风雨兼程的日子
我们都付出了辛劳
这一年来不懈地追求
要让我们的事业越来越好

一次次我们相互微笑
青春的岁月充满了骄傲
一次次我们紧紧握手
理想的家园由我们来创造

一次次我们相互微笑
一次次我们紧紧握手
理想的家园由我们来创造
由我们来共同创造

统筹：郭国顺 常健
撰稿：侯全亮 李肖强 王红育 刘自国
摄像：王寅声 李亚强 叶向东 马麟 吕应征
编辑：王晓梅 邢敏 张静 胡霞
片尾曲：马麟 王晓梅 杨璐
文字整理：王寒草
2004 年 1 月全河工作会议播出

奔腾——黄河 2004

如同这执着的大河,虽峰回路转,仍百折不挠,一往无前;

如同这翱翔的雁阵,虽长空万里,却栉风沐雨,坚韧不拔。

2004 年,黄河人一路汗水,一路壮歌。全河上下,和衷共济,开拓创新,在激情和梦想的碰撞中,创造着一个又一个辉煌。

一、探寻生命之河

在我们生存的这个星球上,河流是最富有张力的生命系统。生生不息的河流,以其造化无穷的力量维持着生态系统和能量交换的总体平衡,所到之处,生灵跳跃,万木葱茏,文明永续,天地万物充满了和谐。而黄河,从她横空出世的那天起,更是曲折迂回,奔腾浩荡,世世代代反复演绎着生命的雄浑乐章。

然而,不知从何时起,她却沉疴缠身,百病交集。由于人类的过度开发利用,黄河水资源供需矛盾日益尖锐,河道断流频繁发生,下游河槽急剧萎缩,过洪能力显著下降,水质污染持续恶化,河流生态系统受到空前的损害……日趋严重的生命忧患,正在威胁着这条伟大河流。

黄河治理的终极目标到底是什么? 作为黄河的代言人,怎样才能与她共同度过生命的苦旅,使之更好地为中华民族造福? 带着深刻的历史反思,带着强烈的时代追问,黄河水利委员会党组经过深思熟虑,于 2004 年年初正式提出建立"维持黄河健康生命"的治河新理念,并确立了"1493"的理论框架。

本源回归,石破天惊。"1493"理论框架的诞生,蕴涵着人类与黄河漫长磨合中的艰辛探索,标志着人们治河理念的一场革命。

一年来,黄河水利委员会党组统揽全局,整体部署,致力"维持黄河健康生命"治河新体系的构建。包括河流生命机理、评价要素指标、治理关键技术等组成的治河理论体系,日臻完善;涵盖治河重大措施、现实生产任务、年度计划安排的生产实践体系,持续推进;牵手自然科学与人文科学、社会科学的河流伦理体系,脱颖而出。三大分支,有机结合,纵横联系,共同支撑着一种具有现代科学特征的治河系统理论。

围绕这一理论,一系列深入的研究和探索相继展开。

黄河洪水威胁,下游"悬河"最烈。自古以来,多少仁人志士为之皓首穷经,倾尽心力。然而,由于种种原因,黄河下游治理方略却一直莫衷一是,未能定论。如今,科学技术的发展,人们认识的深化,为寻求解决它的真谛提供了机遇。

2004年2月至3月,在首都北京和古都开封,黄河水利委员会先后两次举行高层次专家研讨会,专题研究黄河下游治理方略问题。钱正英、潘家峥、徐乾清、韩其为、陈志恺等70多位著名专家,满怀殷殷赤子之心,畅所欲言,发表真知灼见,为母亲河把脉问诊,开出良方。

针对黄河的新情况、新问题,黄河水利委员会认真吸收各种观点中的科学见解,经过深入研究总结,提出了"稳定主槽、调水调沙、宽河固堤、政策补偿"的"16字"黄河下游治理方略。

它,负载着炎黄子孙世代的追求和希望,凝聚着黄河儿女浓浓的心血和汗水。它,宣告了黄河下游治理一个新时期的到来。

黄河复杂难治,根源在于水少沙多,水沙关系不协调。正因为如此,建设完善的水沙调控体系,被鲜明地列为"维持黄河健康生命"的九条治理途径之一。

黄河水沙特点、变化趋势,建设水沙调控体系的必要性、紧迫性,骨干工程的总体布局、开发次序以及联合运用方案,一项项研究成果,在原有的工作基础上,被赋予了新的内涵和使命。2004年12月17日至19日,来自全国的知名水利专家和有关代表,对黄河水利委员会提出的《黄河水沙调控体系建设初步研究报告》进行了认真讨论,达成了广泛的共识。

黄河,自然之河、生态之河、文化之河的多重属性,决定了"维持黄河健康生命"需要广泛的社会认同和舆论支持,而要获得这种认同和支持,必须进行多学科交叉延伸。

2004年9月,正值金秋时节,中国社会科学院、北京大学、清华大学、中国人民大学、复旦大学等高等学府的30多位著名社科专家和人文学者,应邀来到黄河水利委员会,就河流伦理学的建立、河流的本体价值及其生存权利、河流文化生命的内涵、如何重塑人类与河流的关系等耳目一新的学术问题,同黄河人展开了交流与对话。

同期声:(复旦大学历史地理研究中心 主任、教授、博士生导师 葛剑雄)我们现在才开始明白,黄河不是一个简单的治理,而是我们人类跟河流怎么和谐相处(的问题)。所以,我觉得发展到我们来构建并重视河流伦理,这是中国人一个巨大的进步。

同期声:(哈尔滨工业大学 博士生导师 叶平)黄河水利委员会进一步提出的治理黄河革命性的理念——"维持黄河健康生命",创造性地提出了河流伦理学的研究框架,其中关于河流的生命,河流的权利,已经进入哲学伦理学的世界观层面,具有重要的启发意义。这次会议也是我国第一次由自然科学家发起,主动与人文社会科学界共同探索交叉学科问题的盛会。

同期声:(黄河水利委员会 主任 李国英)古人云:以铜为镜可以正衣冠。然而,"以铜为镜"的时代早已成为过去。今天,我们要说,甚至我们应该去呐喊:以河为镜可以正发展。让我们共同呼唤"以河为镜的时代"早日到来吧!

母亲河的生命危机,人与自然和谐相处的重大命题,使两个长期游离的学术群体走到了一起。视角的交合,哲学的思考,激情的碰撞,为河流伦理这一边缘学科的诞生,举行了别开生面的奠基礼。

二、黄河水沙协奏曲

自从人们发觉黄河泥沙对于下游河道的致命影响之后,如何处理这些源源不断的细微颗粒,破解治理黄河的头号难题,便成为人们多年来苦苦追求的长梦。

2004 年,当黄河再次引起举世瞩目的那一刻,人们在调水调沙中看到了母亲河未来的希望! 如果说,2002 年黄河第一次调水调沙,是人类历史上首开最大规模河流原型试验之壮举,2003 年第二次调水调沙,为艰难险阻中书写大空间尺度水沙时空对接之妙笔,那么,2004 年的第三次调水调沙试验,更是一部波澜壮阔、荡气回肠、绚丽多彩的惊世华章。

这一年,黄河调水调沙面前横亘着两座难以跨越的大山:一是没有现成的沙源参与,二是后期冲沙水流动力又难以为继。前者将使小浪底水库为防汛腾库下泄的水量成为效率低廉的"一河春水";而后者更直接导致黄河调水调沙成为无法兑现的空中楼阁。

面对先天不足的客观条件,为了探索"维持黄河健康生命"之路,肩负神圣使命的黄河人,义无反顾地选择了在艰难中挺进的破冰之举! 没有现成的可冲沙源,能否实施人工扰动? 后期缺少水流动力,可否把试验的空间尺度再度扩展,让三门峡、万家寨两座水库也参与这场调水调沙大战?

大胆构想,科学论证,"三条黄河"应声联动。一场石破天惊的重大治黄实践就此拉开了帷幕。

6月19日9时,第三次调水调沙试验宣告开始。

三天后,当小浪底水库下泄"清水"抵达下游河段时,在徐码头和雷口两个卡口处,河南、山东两省河务局组织的26个扰沙作业平台及时启动。大河之中,机器轰鸣,水流激射,沙量倍增。从河底翻卷而起的泥浆,在上游来水挟带下,漂然东去。

与此同时,小浪底库区尾部的三角洲上,另一场人工扰沙的战斗也已吹响进军号。所不同的是,在这里扰动泥沙,不仅仅是减少水库淤积,调整和优化库区尾部形态,更为重要的是,被唤醒的泥沙还将加入人工异重流的行进行列。

人工塑造异重流,是本次调水调沙试验中最具挑战性的精彩乐章。这种产生于水库的奇异流体,具有很强的潜游和推移功能,在特定条件下,可以挟带泥沙在水库底部向前行进。如果掌握了这种规律,人工塑造出异重流,对于破解多泥沙河流水库淤积的世界性难题,具有极其重大的意义。然而,这种特殊的流体,尽管在自然状态下的产生和发展是那样漫不经心,但要刻意去人工塑造却充满了无限艰难。因而,对于这项试验,世界河流治理史上一直没有迈出实验室的门槛,原型试验仍属空白。

如今,黄河人却要依靠自己的智慧和科学的力量,把它"克隆"再造。为此,既要悉心研究异重流的生成要素,审慎分析现实中的水沙条件,又要精心计算三座参战水库的水沙时空对接,其难度之大,不难想象。

为了确保试验的圆满成功,黄河水利委员会领导殚精竭虑,夜不能寐。塑造流量过程,组合泥沙来源,设计后续动力,精心联结着这场大战的每一个环节。

7月5日,根据调水调沙总指挥部的命令,三门峡水库开闸放水,以2000立方米每秒的下泄流量进入小浪底水库。水库尾端被扰动的泥沙,受上游来水猛烈冲刷,迅速汇成高含沙水流。它们重整队伍,携手并进,在小浪底坝前60公里处,受重力作用潜入库底,形成异重流后,继续向坝前进军。

7月7日,流量为1200立方米每秒的万家寨水库下泄水流,不远千里行程,如期赶到三门峡。水流援军的到来,将三门峡水库里的细颗粒泥沙迅速推出库外,从而补充了调水调沙的水量与沙源,并为人工塑造异重流提供了强大的后续动力。

7月8日13时50分,人工塑造异重流到达小浪底水库坝前,进而通过排沙洞冲出库外。霎时间,随着几股由清变浑的冲天巨浪喷涌而出,一幕匡世壮景出现在人们面前。

黄河人工塑造异重流成功了!

这一首开先河的巨大成功,标志着中国水利科学家已领先世界掌握了水库异重流的形成机理和运行规律。它的成功,使人们借助塑造异重流减少水库淤积成为可能。

激动与感奋,喜悦与沸腾,久久荡漾在黄河人心中。

7月13日8时,历时24天的黄河第三次调水调沙试验画上了圆满的句号。在这次试验中,共有7113万吨泥沙被排入大海,小浪底水库的淤积形态得到调整优化,下游主河槽实现全线冲刷,两处卡口河段过流能力明显扩大。整个试验,科技含量之高,空间尺度之大,涉及环节之多,持续时间之长,实属前所未有。特别是人工异重流的成功塑造,更是意义非凡。

中国工程院、中国科学院资深院士,已是93岁高龄的张光斗教授获悉此讯,深深为之动容,称这次试验为水利科技的一场重大创新,他亲笔致函黄河水利委员会表示热烈祝贺。

位居下游滩区的山东东明县人民政府,向黄河水利委员会发来了感谢信。由于黄河调水调沙使河道主槽过流能力明显扩大,使得这里的庄稼秋毫无犯。在喜获金秋丰收的时候,他们代表全县70万人民,向黄河人表示由衷的谢意。

这一切,来的是如此不易。它印记着这项重大治河实践,从初始构想到艰难实施的一串串脚印;它折射着不同观点从观望、怀疑最终转向认同和赞许。

黄河三次调水调沙试验,不同条件,不同河段,不同水沙级配模式,不同的水库调度组合,充满了风云变幻,蕴涵着艰辛的探索。从中,黄河人对于这条大河的水沙运动规律,感性认知与理论总结都得以显著升华。随着第三次调水调沙试验圆满成功,黄河水利委员会郑重宣告:调水调沙作为一种新的治河手段,将从试验阶段正式转入生产运用。

三、千里长堤起宏图

进入年末岁尾,黄河下游标准化堤防建设前线,凯歌声声,捷报频传。风雨历程中,河南、山东两省河务局的建设者们,以众志成城、强力推进的骄人战绩,交上了一份不同寻常的优异答卷。

早在新年伊始,一张"军令状"便把河南河务局、山东河务局的领头人推到了风头浪尖。"军令状"上,标准化堤防建设务必限期完成的几行大字赫然入目:

滚动字幕:

2004年4月30日前,全面完成邙金段标准化堤防建设;2004年12月31日前,全面完成河南黄河第一期标准化堤防建设任务。2004年12月31日前,完成济南段标准化堤防建设项目。

时间满打满算不到一年,共需动用土方1.05亿立方米、石方42万立方米,迁安人口2.6万人,拆迁房屋75万平方米,征用永久用地3.3万亩,建设项目158项。工期紧,标准高,拆迁难。而这一切,还必须在保证防汛安全、实施调水调沙的前提下,抓紧进行,黄河人肩上承担着沉重的压力。

然而,一诺千金,军令如山。为了如期完成建设任务,山东、河南两省河务局采取超常规、跨越式的工作方式。倒排工期,科学管理,优化施工方案,完善质量管理体系,全力攻克一道道难关。绵延千里的下游长堤上,一场事关黄河安澜的大决战轰然打响。

"军令状"签订之后的第三天,河南河务局党组即出台了河南黄河标准化堤防建设实施意见。对组织建设管理机构、建立分级管理责任体系、参建队伍选择原则、严格建设管理程序、工程进度部署、奖惩实施办法等,作出了明确规定。2004 年春节期间,郑州至开封兰考河段长达 160 公里的大堤上,数千名职工挥别隆隆的新春爆竹,开赴风雪弥漫的黄河滩,着手描绘波澜壮阔的堤防建设画卷。

花园口惠金之战率先打响。建设管理者们知难而进,相继拔掉一个个困扰工程施工的"钉子"。施工单位披星戴月,日夜兼程,仅仅用了三个多月,便一举完成 500 多万立方米土方、18 道坝改建和全部生态景观线的建设任务。4 月 28 日,惠金段标准化堤防建设首战告捷,为全河树起了第一面旗帜。

施工任务最为艰巨的是兰考堤段。受天气和地势影响,一度严重积水,取土场地被淹,施工道路中断,使本来就很紧张的施工形势变得更加严峻。面对突如其来的变化,河南河务局一面紧急派出工作组,现场指导排水,及时调整工序,尽快恢复施工正常秩序。同时决定,集中所属 5 个市局的优势兵力,举行兰考会战。10 月下旬,一支 3000 多人组成的施工大军,带着 500 台大型机械设备和 600 套泥浆泵,进驻会战现场。骁勇善战的黄河将士,装备精良的施工器械,在空寂料峭的黄河滩上,迎着风霜雪雨,伴随泥浆迸射,掀起了此起彼伏的竞赛热潮。

挖压征地,移民搬迁,历来就是工程建设的"头号难题"。2004 年,黄河人为此付出了昂贵的代价。

在河南中牟县河务局,这个"头号难题"曾经使标准化堤防建设举步维艰。1454 户的移民搬迁任务,涉及 3 个乡镇 17 个行政村。房屋拆除面积之大,人口搬迁之多,均为全河县局之最。沿岸群众的切身利益和急如流火的建设工期,像两道并行的铁轨沉重地压在他们的肩上。为了排除工程困扰,河务部门通过努力工作,取得了当地政府的大力支持。有关乡村制定明确的责任目标,建立拆迁奖罚制度,层层分解,狠抓落实,终于将移民拆迁工作推入了快车道。河务部门攻克了一座座堡垒,为顺利进行标准化堤防建设铺平了道路。

山东战场上,黄河标准化堤防建设也在如火如荼,急速推进。

济南攻坚战,是山东黄河标准化堤防建设的第一战役。根据建设任务安排,这一工程涉及槐荫、天桥、历城3区7镇,全年开工建设项目49个。尤其是这里紧靠市区,土地寸土寸金,拆迁任务异常艰巨。

这是济南市槐荫河务局。根据设计,仅这一个县局负责管理的堤段建设,就需迁移村民781户、拆迁房屋15.58万平方米,占整个山东河务局迁占任务的一半还多。面广量大,政策性强,施工受阻时有发生。

为了坚定信心,夺取首战成功,山东河务局要求全局上下必须树立一盘棋的思想,确保完成建设任务。特别是对于制约工程进度的迁占工作,务必要加强领导,实施强力突破。为此,省局专门派出工作组,协助市县两局,深入村庄农户,落实国家批复的补偿政策。济南市河务局拟定了与每个拆迁户直接签订补偿协议的实施方案,苦口婆心,晓明大义,负重行进。通过当地各级政府的努力协调,终使迁占补偿资金得以全部兑现,从而成功地化解了这个工程建设中的突出矛盾。

与此同时,济南河务局审时度势,及时调整总体布局。上半年,抓住施工的黄金季节,集中机淤力量,一举攻克了历城。下半年转战槐荫,展开总决战。山东河务局领导坐镇现场,靠前指挥,加强协调,全力攻关。各路建设大军优化设备组合,交叉施工作业,白天穿梭往来浴血奋战,夜晚露宿河岸枕涛入眠,在泥水里摸爬滚打,在风雪中追赶时间。单船月产量超过10万立方米,单泵日产量超过5000立方米,推土机冲入泥潭排险情,渣浆泵首次参战建奇功,一个个奇迹被创造,一项项纪录被刷新。

字幕:黄河标准化堤防建设,离不开那些普普通通的工程建设者。他们的艰苦拼搏、他们的无私奉献,最好地诠释了新时期的黄河精神。

字幕:弓小翠 23岁的测量放线员,班组中唯一的女性。在正值严寒的几个月里,和男同志一样昼夜坚守在工地。

同期声:(郑州惠金局 测量技术人员 弓小翠)工程工期特别短,昼夜施工,测量放线又是一项随时都要做的工作。在工期最紧张的时候,每天晚上大概也就休息三四个小时。

字幕:张建永 施工过程中,三个月没有回过一次家。那天,当他发疯般地从工地赶往家中,是为了与处于弥留之际的母亲诀别……

同期声:(郑州惠金局 职工 张建永)我们全家都是治黄人,我也是治黄人一员。建设黄河标准化堤防是我应尽的义务和职责,我不后悔。

几番苦战,几多峥嵘。2004年的最后几个月,从河南郑州、开封,到山东济南、菏泽,黄河标准化堤防建设各个战场,凯歌迭起,捷报频传。

字幕:

12月11日,济南标准化堤防历城段首传捷报。

12月11日,济南标准化堤防天桥段胜利完工。

12月15日,郑州黄河标准化堤防胜利完工。

12月20日,河南兰考标准化堤防主体工程完工。

12月22日,济南标准化堤防槐荫段告竣。

截至 12 月 20 日,河南标准化堤防建设已累计完成土方6017.61 万立方米,占计划的 105.5%。山东济南标准化堤防建设已累计完成土方 2299.12 万立方米,占计划的 101.13%;山东菏泽标准化堤防建设已累计完成土方 2249.14 万立方米,占计划的 54.16%。

黄河建设者们绽露出了胜利后的灿烂笑脸。从这一张张笑脸中,人们欣慰地看到,黄河标准化堤防,这坚固的防洪保障线,畅通的抢险交通线,壮美的生态景观线,已经从计算机的"三维动画"跃然变成活生生的现实。

四、开辟治河新战场

2004 年夏天,偏于一隅、沉寂多年的黄河小北干流广阔滩地上,突然变得喧闹起来。

然而,这种喧闹却非同寻常,因为它催生了黄河治理的又一条探索之路,它开辟出了处理黄河泥沙的另一个主战场。

千百年来,为了解决黄河泥沙淤积问题,人们使尽了浑身解数,费尽了全部心机。进入当代,综合古今方策,它被凝练为"拦、排、放、调、挖"五个大字。但是在这五大治理措施中,"放"应该怎么放?在哪里放?许久以来,并没有一个明确的答案。而与此同时,在黄河中游,一块拥有 600 平方公里的广阔滩区,却被人们久久地忽视在了一边。

2004 年,黄河小北干流结束沉睡多年的历史,被作为"天然沙仓"进入了一个新的纪元。小北干流放淤试验工程,一片黄河治沙新天地,就此破天荒启动了。

如果说黄土高原水土保持是治理入黄泥沙的第一道防线的话,小北干流放淤则是中游遏制泥沙的第二道屏障,若设计巧妙,放淤时机得当,将大大减少进入下游水库及河道的粗泥沙数量,其淤沙功效不在小浪底水库之下。

小浪底水库处于控制黄河下游水沙的关键部位,可作为控制黄河下游河道泥沙的第三道防线。在其126.5亿立方米的总库容中,拦沙库容75亿立方米,可拦蓄泥沙100亿吨。而小浪底水库对于下游防洪而言,又占有极其重要的战略地位。

　　在水利界专家的眼里,小浪底水库的每一立方米库容都显得那么弥足珍贵,不敢轻言损失。尽可能延长小浪底水库的使用年限,已经成为目前该水库运用方式必须秉承的宗旨。那么,减少小浪底水库及下游河道泥沙淤积最直接、最经济,也是最有效的途径在哪儿呢?

　　答案就在小北干流!

　　黄河小北干流河道宽阔,地势低洼,其地理位置正好处于晋陕峡谷与干流三门峡、小浪底水库的连接部位,在这里处理黄河泥沙不仅可控制其尽可能少地进入水库,而且具备客观条件。经过坚持不懈的长期放淤,小北干流的总放淤量可达100亿吨以上,相当于再造了一个小浪底。更为关键的是,黄河人创造性地提出的小北干流放淤有一个最大的科技亮点——淤粗排细。这一科技创新是依据弯道水力学、缓流分选泥沙等原理,通过引、退水闸的控制和两级弯道溢流堰的分选等一系列工程措施,借助水力自然力量,实现泥沙的"淤粗排细",拦下的是对下游河道淤积影响最严重的粗泥沙,排出的却是能够大部分通过水流输送入海的细泥沙。这样的设计在历代治河传承中,何曾想见!

　　7月26日16时,山西河津小石嘴,放淤闸正式开闸引水。以此为标志,历经半年的紧张设计、施工与各项准备之后,黄河小北干流放淤试验终于在大河边迈出了具有历史性的探索步伐。从7月26日至8月26日,放淤试验总指挥部抓住稍纵即逝的水沙时机,科学调度,利用今年汛期仅有的几次水沙过程,先后实施了6轮试验,共运行297小时。在放淤试验总指挥部的统一指挥和科学调度下,经现场指挥部及各有关单位、部门的共同努力,试验在山西小石嘴1号、3号淤区共淤积粗泥沙438万吨,其中,粒径大于0.025毫米的泥沙占50%。这意味着试验的关键目标——"淤粗排细"已初步实现!

字幕:在小北干流的施工现场,涌现了许多可歌可泣的感人事迹……

同期声:(小北干流山西黄河河务局 职工 董立国)工期进入6月份,就在这紧张冲刺的节骨眼上,赵海祥的家里突然打来电话说:父亲病重,快速回家。此时此刻,赵海祥眼前浮现出父亲那沧桑慈祥的面容,浮现出父亲为了自己上学、就业,辛苦劳作而步履蹒跚的身影。一边是难以割舍的亲情,一边是自己挚爱的事业。我们的赵局长在犹豫着、徘徊着,但他最终还是选择了后者。当他沉着冷静地处理完工地的大小事务,看着放淤闸拔地而起的时候,才匆匆赶回老家。一进家门,映入他眼帘的是父亲那苍白的面容和一双永远紧闭的眼睛。此时的他,再也控制不住自己感情的闸门,他扑倒在老人的遗像前,泣不成声:"爸,你儿不孝,你儿对不住你!可自古忠孝难以两全啊!爸!"

如果说黄河小北干流放淤试验是我们治河治沙史上的一次创新举措的话,试验过程中的"淤粗排细"则是支撑试验能否成功的支点。因为有了"淤粗排细",小北干流放淤完全有别于传统意义上的大放淤;因为有了"淤粗排细",黄河泥沙的空间分布可以重新改写,小浪底水库更加璀璨,同时它还对于降低潼关高程、减缓"二级悬河"的发展和减轻下游防洪的压力将产生积极的作用。除此以外,从今天的无坝放淤到未来的有坝放淤,有着600平方公里的小北干流放淤区,将大大改良当地目前较为恶劣的农业耕作条件,促进经济社会发展,实现人水和谐,从而全面提升小北干流在治黄中的战略地位。

2004年的黄河小北干流放淤试验,为今后大规模实施放淤调度提供了丰富的经验和科学依据。

重大的战略构想与巧妙的设计思维,使黄河小北干流放淤成为我国治黄史上的又一亮点。它让从远古走来的母亲河可以在这里歇一歇脚,卸下身上过多的重负,迈着轻盈的步履走向东方了。

五、黄河调水建奇功

2004年是黄河水量统一调度走过的第5个年头。这一年的水量统一调度以其蕴涵的特殊意义成为无数目光关注的焦点。

然而,一路步履艰难的水调之路并没有因2003年那场沛然东下的秋水而轻盈起来。

2004年,黄河水量调度的一个显著变化是汛期来水多,非汛期来水少。4~6月,黄河主要来水区来水仅58.7亿立方米,比多年同期均值偏少44%,与2003年旱情紧急调度期来水基本持平。加之沿黄主要灌区种植面积增加,灌溉高峰集中,用水需求增长较快,这让调度的难度和紧张气氛增加,也考验着这个特殊年份的水量调度工作。

黄河水利委员会密切跟踪分析雨、水、旱情变化,做好降水预测分析,及时调整实时调度方案。针对下游河道损失居高不下的情况,首次在调度中对河道损失逐日、逐河段滚动分析计算,实行逐月发布制度,加强水量不平衡调度督察等措施,有效减少了下游河道损失,提高了水调精度。在调水调沙试验期间,首次实行了供水订单逐日滚动批复。

通过一系列行之有效的措施,在十分困难的情况下,黄河水利委员会统筹各方利益,圆满完成了水量调度任务,为5年来的黄河水量统一调度画上了句号。

当席卷科罗拉多河、墨累－达令河、阿姆河的断流危机仍在持续上演时，被誉为世界上最复杂难治的黄河却连续5年谱写感人肺腑的绿色颂歌。这该需要何等的睿智和毅力，付诸几多艰辛和努力。

度过了自1999年以来流域持续干旱的严峻考验，黄河儿女终于可以自豪地说，我们有能力确保黄河不断流。

为保证黄河不断流，尽力顾及到各方利益，黄河水利委员会水量调度技术人员使出浑身解数，操控着上至百亿立方米库容的大水库，下至几个流量的引黄闸，丝毫不敢懈怠。

首先，水量调度技术人员要结合当年来水、水库蓄水、下一年来水以及有关省（区）耗水等情况制订分水方案。执行过程中，再根据实际来水、用水情况，进行月旬调整。对各省（区）用水按照水量分配方案，明确每月入、出省界断面流量指标，实施断面流量动态控制。为保证水量配置按方案执行，黄河水利委员会还通过对骨干水库和重要取水口实施直接的统一调度和监测，协调省（区）用水矛盾，并合理安排生态用水。

梦魇般的断流危机，加速了智能化的科学调水的步伐，催生了流域管理现代化的进程。黄河水量调度管理系统一期工程的建成，为饱经忧患的母亲河筑起了一道生命防线。为将应急的思路和规范、科学应对突发事件的理念纳入水量调度中，黄河水利委员会在全国率先启动了应急调度机制，建立了严格的突发事件防范和应急处理责任制。

这些保障措施及时发挥了作用，快速处理了多起流量"预警"事件，及时化解了水量调度风险，避免了可能发生的断流危机。

黄河连续5年枯水期不断流，初步修复了被人类活动长期损害的生态环境，谱写了人与自然和谐相处的绿色颂歌，受到党和国家领导人的高度评价，为我国水资源一体化管理积累了成功的经验。

统一调度以来,黄河干流刘家峡、万家寨、三门峡、小浪底等水利枢纽发电效益明显增加。2003年11月至2004年6月,龙羊峡、刘家峡、万家寨、三门峡、小浪底五座水库合计发电126.161亿千瓦时,创历史同期最高。

5年来,由于不间断的淡水补给,河口地区生态环境显著改善,河口湿地生态得到有效保护。在15.3万公顷的黄河三角洲上,又有20万亩湿地得以再生,包括国家一级保护鸟类白鹳、黑鹳等在内的近300种珍稀鸟类首次现身湿地。

黄河水持续入海,对黄河三角洲地区防止海水入侵、减少河道淤积、保证防洪安全也起到了重要作用。

黄河生命的复苏,有力支撑了经济社会的可持续发展。人们从中真切感受到"从传统水利向现代水利、可持续发展水利转变,以水资源的可持续利用支持流域经济社会可持续发展,实现人与自然和谐相处"治水新思路的深刻内涵。

自20世纪70年代末,济南泉水开始出现半年以上季节性停喷,30多年来鲜见全年喷涌景观。受惠于黄河水的畅流,济南市地下水位猛增,四大泉群实现28年来首次全年持续喷涌。"趵突腾空"、"泉涌若轮"……泉城重新沉浸在泉水淙淙、人泉共乐的灵动之中。

时至今日,黄河不断流已经上升为中国政府落实科学发展观、走可持续发展之路的重要标志,成为衡量水利部党组新时期治水思路成功与否的重要标志。

水,意味着绿色,水,就是生命。一条古老的大河又泛起"生命"的波澜,重新滋润着两岸大地、华北平原,带给人们丰收的喜悦和绿色的希望。

六、创新跃动主旋律

打开2004年的治黄史录,不难发现,"创新"这个字眼,已经成为各项治黄工作使用频率最高的词汇。是的,面对世界上最为复杂难治的这条河流,肩负黄河治理开发与管理的千钧重担,黄河人深知,没有创新,治黄工作就难以迈开大步;没有创新,就难以让这条身患多项并发症的古老大河焕发出新的勃勃生机。

为使创新覆盖黄河治理开发与管理的各个层面,2004年,黄河水利委员会以建立创新机制为龙头,研究制定了激励创新办法和实施细则,首次设立了黄河水利委员会创新成果奖。全河各级把创新作为推动工作、改进作风、发展事业的不竭动力,从理论创新、科技创新、体制创新等方面,进行了多方面的探索。

维持黄河健康生命治河新体系的创立,黄河第三次调水调沙的精彩华章,小北干流放淤试验的奇妙构想……一项项重大治河实践的成功实施,无不透射着创新思维的精华,闪耀着创新思维的光芒。

2004年,黄河水利委员会出台的《黄河水权转换管理实施办法》,填补了我国流域机构在该领域的空白。宁夏、内蒙古两自治区初始水权分配首开先河,5个水权转换项目全面进入实施阶段,在引入市场机制、优化黄河水资源配置的道路上,走出了重要的一步。

黄河中游粗泥沙集中来源区界定,经过协同攻关基本完成。"3S"等先进技术的引入,对多沙粗沙区水土流失和大型工程建设项目实行动态跟踪监测,大大加强了水土保持的监管力度。

"数字黄河"、"模型黄河"建设深入推进,基于GIS的黄河下游二维水沙演进数学模型、数字水调涵闸远程监控系统、下游交互式三维视景系统、基础地理信息系统、"模型黄河"测控系统、"模型黄土高原"降雨系统、河口物理模型试验基地、振动式悬移质测沙仪、激光粒度分析仪、国内第一个流域机构水质监控系统、水污染及快速反应机制等一大批创新成果的成功开发和先后启动，为黄河治理开发与管理，提供了有力的决策支撑。

创新思维，热潮涌动。2004年，全河有37项成果荣获"黄河水利委员会创新成果奖"。作为推动治黄工作的激昂旋律，创新思维的高昂旋律，正在大河上下产生强烈的共鸣。

百舸争流，浪遏飞舟。2004年，全河上下众志成城，开拓进取，业绩卓著。实践再次证明，黄河职工是一支有凝聚力、有战斗力的队伍，是一支勇于开拓、甘于奉献、能打硬仗的英雄群体！我们没有理由不为自己成为其中的一员而感到由衷的自豪。

2004年的黄河，在激情和超越中浩然东去。

伴随着新年的钟声，黄河治理开发与管理的伟大事业又揭开了新的一页。

同期声:(河源考察队宣誓)我们黄河源考察队代表着大河上下四万名黄河儿女，向母亲河的河源庄严宣誓:为了黄河生生不息，万古奔流;为了黄河岁岁安澜，永屹华夏;为了维持黄河健康生命，我们将竭尽全力，创新思维，艰苦奋斗。

片尾曲:

黄河,生命的赞歌

奔腾不息的波涛，是你跳动的脉搏。
万古时空的跨越，化做两岸的绿浪。
啊!
黄河我的母亲，你用一路的浩歌，
铸就了一条历史，历史的长河。
一次次改道决口，不是你多变的性格。
一次次断流干涸，是你无言的诉说。

啊！

黄河我的母亲,维持你健康的生命,

是我们黄河儿女,儿女的职责。

啊,呵护母亲河,装扮母亲河,

我们与您共享阳光绿色。

啊,关爱母亲河,回报母亲河,

我们与您同唱生命的赞歌。

啊,呵护母亲河,装扮母亲河,

我们与您共享阳光绿色。

啊,关爱母亲河,回报母亲河,

我们与您同唱生命的赞歌。

统筹:郭国顺 郑胜利

撰稿:侯全亮 李肖强 王红育 刘自国

摄像:李亚强 王寅声 叶向东 吕应征等

编辑:邢敏 张静 王晓梅 胡霞 张悦 翟金鹏

片尾曲:王小路 钞艺萍

文字整理:刘柳

2005 年 1 月全河工作会议播出

春舞黄河唱大风

——"十五"治黄回顾

穿过历史沧桑,跨越时空风云。

黄河,这条孕育了五千年华夏文明的泱泱大河,一路奔腾跌宕,川流不息,与她的儿女一起踏上21世纪的新征程。

机遇和挑战,希望与梦想,交织如潮,推动着治黄事业现代化之船,扬帆启航。

一、理念探索

古今中外,没有哪条河流像黄河这样,承载了如此多的忧思与爱恨,凝聚了数千年的哺育和抗争。

面对这条世界上最复杂难治的河流,多少代治河先贤,为之皓首穷经,毕其心力。传承千年的治河方略,几经岁月的洗练,几经智慧的沉淀,灿若群星,至今仍闪耀着理性的光芒。然而,由于受生产力发展水平和社会制度等因素的制约,黄河依然是"三年两决口,百年一改道"。

1946年,中国共产党领导人民治黄以来,以王化云为代表的老一辈黄河人,在总结前人经验的基础上,不懈探索,逐步形成了"上拦下排、两岸分滞"控制洪水以及"拦、排、放、调、挖"处理泥沙的治河方略。经过数十年的治理和建设,扭转了历史上黄河频繁决口改道的险恶局面,取得了举世瞩目的伟大成就。

然而,随着流域人口的增加,经济社会的快速发展,20世纪

90 年代以来,人与河争水、与水争地的局面越来越严峻,由此造成黄河水资源供需矛盾尖锐,下游河槽萎缩,"二级悬河"加剧,"横河"、"斜河"发生几率增大,水质污染日趋严重,河口生态急剧恶化……

黄河向何处去?黄河治理开发与管理的目标到底是什么?这是迫切需要黄河人必须作出回答的重大命题。

循着人类文明发展的脉络,人们越来越清醒地认识到,人与河流相依相存,一荣俱荣,一损俱损。只有顺应自然规律,在开发利用河流的同时,承认并维护河流自身生命的价值及其权利,流域经济社会才能持续发展,民族文化才能永续繁衍。

于是,黄河水利委员会党组按照中央科学发展观和水利部治水新思路的要求,立足黄河实际,吸取历代治河经验,创新思维,提出并确立了"维持黄河健康生命"的治河新理念,并以此为中心构建了"1493"治河体系。

这一体系,从化解黄河生存危机出发,以实现人与河流和谐相处为目的,将水少沙多、水沙关系不协调与经济社会发展、生态环境要求不适应作为分析和解决黄河问题的主要矛盾,以黄河现代化建设为支撑,为今后黄河治理与管理确立了方向和目标。

在新的治河理念引领下,大河上下开拓进取,展开了一系列新的探索。抓住黄河水沙的主要矛盾,着手谋划包括增水、减沙、调水调沙在内的水沙调控体系的全新构架。针对黄河下游的突出问题,研究提出"稳定主槽、调水调沙、宽河固堤、政策补偿"的河道治理方略。

从理念定位到战略布局,从战术措施到创新探索,治黄蓝图更加清晰。

"黄河落天走东海,万里写入胸怀间"……

河流的壮美,成就了人类的伟大。当好黄河代言人,切实担负起维护其健康生命的职责,实现人与自然的和谐相处,这是新一代黄河人责无旁贷的神圣使命。

二、巍峨长堤

宛如一道延伸的风景线,碧绿的两岸,平顺的路面,整齐划一的备方石……这就是黄河标准化堤防。

据史料记载,黄河堤防最早出现在春秋时期。几千年来,它见证了人类防御洪水的历史足迹。

新中国成立后,绵延千里的黄河下游堤防先后经历了三次大规模加高培厚。

几十万群众,肩扛手抬,独轮车载,完成了相当于13座万里长城的土石方工程量,使大堤得到全面加固,确保了黄河伏秋大汛的岁岁安澜。

1998年以来,国家采取积极的财政政策,加大水利建设投入,黄河下游持续开展了大规模的堤防工程建设。

2002年7月14日,国务院正式批复了《黄河近期重点治理开发规划》,明确提出加强黄河堤防建设的要求。"标准化堤防"应运而生,成为"十五"期间黄河水利建设的重头戏。

对于标准化堤防,黄河人形象地描述为"防洪保障线、抢险交通线、生态景观线"。

美好蓝图激发了人们的创业热情。2002年11月,黄河标准化堤防建设率先在山东济南历城段开工。随后,河南与山东其他河段按计划相继开展。

2003年,一场历史罕见的黄河秋汛到来了,黄河下游大堤遭受长时间偎水,部分堤段险象环生。乖戾难测的黄河洪水,再次向人们敲响了警钟。

时不我待,分秒必争。

黄河南岸287公里的黄河标准化堤防一期工程,要在一年半时间内完成1亿多立方米的土方、60多万立方米的石方,征地3万多亩,拆迁房屋80多万平方米。

这是黄河堤防建设史上最严峻的考验!

重任在肩的黄河人没有望而却步,他们齐心协力,迎难而上,打响了一场又一场可歌可泣的攻坚战。经过参建各方的艰苦奋战,2005年汛前,如期完成了建设任务。

这期间,建设者们牺牲了多少个节假日,奉献了多少心血和汗水,创造了多少令人叹服的奇迹,又有谁能够说得清?

同期声:(郑州惠金局　测量技术人员　弓小翠)在工期最紧张的时候,每天晚上大概也就休息三四个小时。

同期声:(郑州惠金局　职工　张建永)建设黄河标准化堤防是我应尽的义务和职责,我不后悔。

大堤无言,岁月留痕。

放眼这连绵巍峨、气势如虹的堤防。您是否会想到,与其相伴的还有一条记录着黄河人团结、务实、开拓、拼搏、奉献的无形堤防!

三、绿色颂歌

黄河,从约古宗列盆地横空出世,九曲百转,浩然东流,一路滋养众生、孕育文明,演绎着多少生命的雄浑乐章。

然而,就是这样一条被中华民族尊崇为母亲的河流,却因为人类日益膨胀的需求和无节制的开发利用而日渐羸弱,乃至出现断流之痛,频频告别大海,雄浑不在。

据统计,1972年至1998年的27年中,有21年下游出现断流。断流最严重的1997年,全年共出现13次断流,累计断流时间长达226天,河南开封以下700多公里的河床一如平川。

同期声:(河口地区农民)大河里老是没水,吃水都是到十来里地以外去拉,牲畜也养不起了,地都浇不上,都是荒的,只能靠天吃饭。

同期声:(山东省东营市市民)水是定量供应,水质很浑浊,味道特别不好。

源远流长的母亲河已经到了步履维艰、不堪重负的地步,神州大地一片哗然!

1999 年,经国家授权,黄河水利委员会正式实施黄河干流水量统一调度。一部拯救黄河的生命乐章从此奏响。

也许,上苍在有意考验黄河人。2001 年到 2005 年,黄河来水持续偏枯,全流域遭遇大旱,连中上游河段也不断发出枯水警报。

为了使母亲河生生不息,黄河人顶着难以想象的压力,以精细调度每一立方米水为目标,认真落实水量调度责任制,积极推进水量调度现代化建设,建成水量调度中心,实施旱情紧急情况下水量调度预案,并先后派出近百个工作组奔赴大河上下强化协商和监督检查,与沿黄各省(区)携手共渡难关。不仅圆满完成了水量调度任务,而且按照国务院的部署,积极组织实施引黄济津,缓解了天津用水的燃眉之急。

与此同时,加强水资源保护,建成了国内第一个流域水资源保护监控系统,制定了水污染快速反应机制,及时处理了甘肃兰州、内蒙古包头河段重大水污染事件,为黄河水量统一调度和历次引黄济津的供水水质安全提供有力支撑。

在各有关方面的共同努力和团结协作下,黄河一次次化险为夷,泛着生命的波澜,奔流入海!

千里之外的黑河调水也捷报频传。

黑河流域管理局在各级地方政府的积极配合下,针对黑河特点,采取了"全线闭口、集中下泄"的调度措施,确保了水调工作的顺利实施,如期实现了国务院的分水指标。

截至 2005 年底,累计向下游调水 26.24 亿立方米。濒临枯死的胡杨和红柳开始复苏,已经干涸 10 多年的东居延海再现碧波荡漾的湖面。额济纳大地呈现出一派生机!

居延海边,芦苇丛中,群鸟翔集,尽情展露着动人的歌喉。

纳林河畔、胡杨树下,土尔扈特人载歌载舞,抒发着他们无比喜悦的心情。

黄河连续 6 年不断流,黑河分水成功,取得了显著的经济、社会和生态效益,在国内外引起强烈反响,被中央领导誉为一曲绿色颂歌,为中国水资源一体化管理积累了成功的经验。

四、调水调沙

字幕:2002 年 7 月 4 日上午 9 时。

同期声:(黄河水利委员会　主任　李国英)我宣布,黄河首次调水调沙试验正式开始。

黄河复杂难治的根本原因在于"水少、沙多、水沙关系不协调"。为了破解这道横亘古今的难题,一代又一代仁人志士为之艰苦探索,呕心沥血。

2001 年,随着小浪底水库的建成运用,调水调沙这个让黄河人萦绕多年的治河梦想迎来了新的契机。

2002 年,首次登场的调水调沙试验,基于小浪底水库单库运行,历时 11 天。共将 6640 万吨泥沙送入大海,为科学研究获取了 520 多万组基础数据。

2003 年,一场历史罕见的"华西秋雨"降临黄河,小浪底水库上下游同时发生洪水。由于洪水来源不同,上面来水含沙量大,下面来水含沙量小,能否通过水库调度让浑水和清水"掺混",调配出相协调的水沙关系呢?

9 月 6 口,经过精心调度,伊、洛、沁河下泄的清水与小浪底水库配沙浑水在花园口成功实现对接。洪水一直控制在流量 2400 立方米每秒、含沙量 30 千克每立方米左右,试验将 1.2 亿吨泥沙输送入海。

2004 年汛前，小浪底水库蓄水位在汛限水位以上，对此是一放了之，还是有目的地调放？

只要有一线可能，黄河人也决不会放过。6 月 19 日 9 时，第三次调水调沙试验如期开始。

按照设计方案，库区扰沙、下游河道扰沙，以及三门峡、万家寨、小浪底水库调度等环节有序展开。到 7 月 13 日 8 时试验宣告结束时，7113 万吨泥沙被冲入了大海。同时，小浪底水库淤积形态得到调整，下游主河槽全线冲刷，两处卡口河段过流能力明显扩大。

更为激动人心的是，这次调水调沙试验首次实现了人工异重流的成功塑造并排出库外。

一场科技含量更高、空间尺度更大的调水调沙试验以此为标志画上了圆满的句号。

连续三年的调水调沙试验，把 2.6 亿吨泥沙送入大海，黄河下游过洪能力由 1800 立方米每秒提高到 3000 立方米每秒。

对于这组数据的意义，下游山东东明县滩区的 13 万老百姓有着深切的体会。2004 年汛期一场 3000 多立方米每秒的洪水过后，老百姓辛劳一年、担惊受怕的滩区庄稼竟然毫发无损，这与前几年滩区"小水大灾"的境况形成鲜明对比。丰收之后，他们给黄河水利委员会送来了一封质朴的信，向黄河人表达了由衷的感谢。

更为重要的是，通过试验不仅探索出了不同类型的调水调沙模式，而且进一步深化了对黄河水沙规律的认识。

2005 年，调水调沙由试验转入生产运行，自 6 月 16 日到 7 月 1 日，万家寨、三门峡、小浪底水库在决策者和参战各方的手中调度自如，小浪底水库再次成功塑造人工异重流并排沙出库，下游河道主槽行洪能力进一步提高到 3500 立方米每秒。

从论证到试验，再由试验到生产运行，可以说，调水调沙走活了黄河水沙调控这盘让无数人苦思冥想的"大棋"。

五、拦沙防线

"九曲黄河万里沙,浪淘风簸自天涯"。

自古以来,黄河为患的症结,皆源于这源源不断的泥沙。因此,斩断黄土高原千沟万壑的产沙之源,减少入黄泥沙,一直被视为黄河治本之策。

新中国成立后,一批批水利专家和治黄科研工作者,在莽莽苍苍的黄土高原上,以科学求实的精神,向黄河泥沙这一"顽症"发起冲击。

经过几代人的努力,对黄河泥沙问题的认识得到逐步深化,治理的"准星"瞄向7.86万平方公里的多沙粗沙区。在措施布局上,确立了以小流域为单元,以治沟骨干工程建设为重点,工程、生物和耕作措施相结合的综合治理思路。

"十五"期间,为了把国家有限的投资用在刀刃上,黄河水利委员会采取"先粗后细"的策略,在前人工作的基础上,进一步将"准星"锁定在1.88万平方公里的粗沙集中来源区。这里的泥沙粒径大都在0.1毫米以上,且年侵蚀模数为1400吨每平方公里,是造成下游河床淤积抬高的"罪魁祸首"。

5年来,黄土高原共建成淤地坝12489座、小型水保工程25.6万多座,累计完成水土流失治理面积5.38万平方公里。

这是位于黄河小北干流的连伯滩,此时,一场放淤试验正在进行。

随着引水闸的开启,高含沙洪水迅速涌入输沙渠,在途径弯道时,通过溢流堰的分选,部分细泥沙回归大河,粗泥沙则被导进淤区,再经退水闸控制运用实现"淤粗排细"。

据测算,黄河小北干流拥有600平方公里的广阔滩区,可拦减粗泥沙100亿吨,相当于小浪底水库的拦沙量。小北干流放淤工程连同水土保持措施,以及小浪底水库"拦粗泄细",一起构成了拦减黄河粗泥沙的"三道防线"。

六、"三条黄河"

别小看了这张表格,它的背后是一个数字流场。当给定了小浪底水库的出库流量,数秒钟之内即可知道利津水文站的入海流量。若不能满足要求,即可反算至小浪底水库并推出最科学的出库流量要求。

2003 年 5 月 28 日,阵阵预警铃声打破了黄河水量总调度中心的宁静。

这是千里之外的山东利津水文站,通过远程监测器发来的预警信号,警示由上游某地突然超计划引水而有可能造成该断面入海流量跌破最低水位。

没有丝毫的慌乱,没有须臾的紧张。调度人员娴熟地操控着计算机,运筹帷幄,合理调配,一次断流危机很快被化解了。

正是凭借着这套科技手段,黄河人在与旱魃的较量中多了几分从容和自信。

实践证明,黄河治理与管理事业,离不开科学技术的支持。要确保黄河治理开发和管理各种决策方案的科学性,就不能仅仅把研究目光仅仅盯在自然黄河本身,而应该以此为支撑和研究对象,建立一套完整的科学研究体系。于是,"三条黄河"建设便应运而生。

"三条黄河",即"原型黄河"、"数字黄河"、"模型黄河"。形象地讲,就是把自然中的黄河,装进计算机,搬进实验室。它们之间相互联系、互为作用,构成一个科学的决策场,以确保黄河治理开发的各种方案技术先进、经济合理、安全有效。

"数字黄河"工程经过几年的建设,目前已在防汛、水量统一调度、水资源保护、水土保持等治黄工作中发挥出巨大作用。

"数字防汛"系统,已连续几年在调水调沙、防汛与防凌工作中崭露头角,大大提高了指挥调度决策的效率。

"数字水调"完成了水量总调度中心、84座引黄涵闸远程监控系统以及枯水调度模型开发等建设任务,为确保黄河不断流立下了汗马功劳。

水资源保护监控中心,为处理水质污染事件决策提供了会商环境。

水土保持生态环境监测系统一期工程在水土流失快速调查和动态监测中大显身手。

实验室中的这条黄河,也初具规模。黄河下游河道模型、小浪底库区模型、三门峡库区模型、小北干流河道模型,在近年来调水调沙试验、小北干流放淤等重大治黄活动中发挥了不可替代的校验与反演作用。

"十五"期间,全河上下以"三条黄河"建设为龙头,在治黄各个领域加大科技创新与攻关的力度,涌现出一大批新技术、新成果,使黄河治理与管理的现代化进程得到全面提速。

七、握手世界

黄河是中国的,也是世界的。

这条独具魅力、充满挑战性的河流吸引着全世界关注的目光。

"十五"期间,黄河水利委员会与世界上30多个国家和地区的国际组织或机构建立了密切的合作关系。合作领域由单纯的友好往来扩大到学术交流、多边磋商、国际会议等方方面面,并逐步由松散的事务性合作向规范的项目合作方向发展。

世界著名水工专家恩格斯晚年曾经对他的弟子说:"我此生最大的心愿就是能亲自到世界上最复杂的河流上去研究,提出自己的见解,这条河就是中国的黄河。"

斗转星移,当年恩格斯的未圆之梦,如今已在更多的"洋人"身上化做了现实。

2003年10月21日,首届黄河国际论坛在整饬一新的黄河水利委员会国际会议厅隆重举行。黄河敞开她汇纳百川的胸怀,迎来了来自世界各地河流的儿女和河流的守护者。300多位代表以黄河为平台,围绕"21世纪流域现代化管理"的中心议题,全方位、多角度地展示了流域管理、水资源、生态环境、河道整治及水文测报、信息技术等学科的最新发展趋势。

时隔两年,2005年金秋时节,第二届黄河国际论坛如约举行。这次会议,规模更大,规格更高。60多个国家和地区的800多位水利精英再度聚首黄河,共商水事。荷兰王储、全球水伙伴主席,以及联合国教科文组织、世界水理事会、世界气象组织等著名国际机构的负责人也纷至沓来,参加这河流的盛会。

论坛以"维持河流健康生命"为中心议题,得到与会代表的热烈响应。各国水利学者纷纷结合自身对河流治理的认知与实践,表达对河流生命的关切之情,探讨恢复河流生态的目标与途径。观点在碰撞中交融汇流,共识在探讨中汇拢凝聚,不同的语言发出了共同的声音——《黄河宣言》。

同期声:(《黄河宣言》)善待河流,保护河流,尊重河流……

这是河流代言人发出的热切、坚定的呼吁,是从河流儿女心底流淌出的声音。

会议期间,还诞生了世界上第一个流域水伙伴——黄河流域全球水伙伴。中美、中欧、中意、中澳、中荷等有关黄河技术合作项目的签约或启动,展示了未来双边合作的广阔前景。

两届黄河国际论坛,两次流光溢彩的河流盛会,为各国水利专家构建了一个交流对话的平台,为中外水利同仁铺就了一座友谊之桥,更为黄河人搭设了一个世界性的舞台。

八、改革潮头

2002年4月1日,黄河水利委员会机构改革动员大会在郑州召开,一场覆盖全河的改革大潮就此拉开帷幕。

多年来,作为流域机构,黄河水利委员会代表水利部行使黄河流域水行政主管部门职责,为促进流域经济社会发展作出了重要贡献。然而,执法地位不明确、责权不统一、内部政事企职责不分、人员结构不合理等痼疾在新形势下逐渐成为羁绊治黄事业发展的突出因素。

同期声:(黄河水利委员会 主任 李国英)黄河水利委员会的机构改革势在必行,而且迫在眉睫。不改革将会影响到黄河治理开发和管理的现代化推进的问题;如果不改革,黄河水利委员会党组提出的新的黄河治理开发的任务就无法完成。

此次改革,黄河水利委员会机关率先垂范,各职能部门全员解聘,重新竞争上岗。委属单位紧随其后,有序推进。长期以来"吃太平饭"和"当太平官"的陈旧观念被彻底破除,干部职工的危机意识、进取精神普遍得到增强。改革中推行的双向选择、以岗择人的用人机制使一批德才兼备、年富力强的干部脱颖而出。

2004年,根据国家部署,以"管养分离"为核心的水管体制改革随即展开。自明、清以来一直沿用的黄河工程管理与养护模式被推上了改革的"手术台"。

截至2005年5月30日,全河22个试点单位顺利完成水利工程管理体制试点改革工作。此次改革中,转制为企业的水管单位共62家,在职职工3909人,离退休人员233人。水管企业职工的基本养老保险纳入省级社会统筹是本次试点改革工作成败的关键,在有关部门的共同努力下,劳动和社会保障部正式批复了黄河水利委员会第二批水管企业纳入所在省企业职工基本养老保险,从根本上解决了黄河水利委员会水管企业职工的后顾之忧。通过改革,水利工程管理的体制性阻碍得以消除,符合市场经济的工程管理运行机制基本建立。河务部门、维修养护单位和施工企业,"三驾马车"并驾齐驱,沐浴着改革的春风铿锵前行。

在推动治黄现代化的进程中,全河各级把创新作为事业发展的不竭动力,建立了覆盖黄河治理与管理各个层面的激励创新机制,并设立了创新奖,两年共评出80项创新成果,在一系列重大治河实践中产生了良好的效应。

这是一个改革创新的时代。5年来,全河上下风起云涌,事业单位聘用制改革、企业改制、干部人事制度改革等,一系列革故鼎新的措施,使原有的生产关系得到调整,体制顺了,机制活了,观念变了,经过改革洗礼的治黄队伍,正焕发出新的生机与活力。

九、广厦万间

这栋典雅的欧式建筑,是山东高青县黄河河务局大刘家河务段一线职工休息与办公的场所。

这片别墅式的楼房,是河南孟津县黄河河务局的职工住宅楼。

"小康不小康,关键看住房",职工们能否住上满意的房子,黄河水利委员会党组时刻牵挂于心。"十五"期间,黄河水利委员会加大力度,集中解决了一批长期困扰职工住房难的问题,全河新建职工住房40多万平方米。黄河职工的住房条件和生活环境都有了很大改善。

与此同时,办公条件也大为改观。许多单位都搬进了新的办公楼,有的正在抓紧建设。昔日破旧简陋的工程班、水文站,如今已旧貌换新颜。

黄河基层水文站由于大部分设在交通不便、生活条件较为艰苦的偏远地区,长期以来存在着饮水困难的问题。对此,黄河水利委员会领导高度重视,深入现场,调查研究,并郑重承诺:

2002年底前彻底解决基层水文站吃水难的问题。

全河水文战线群情振奋,抓紧施工。伴着机器的轰鸣,一项项吃水工程紧锣密鼓地开工了……汩汩甘甜的水花,滋润着水文人的心田。到2002年底,投资975万元的建设任务如期完成,全河94个基层水文站、11个基地、2000多名水文职工及家属吃水难的问题得到了彻底解决。

全河各级各部门还积极开展送温暖活动,及时为困难职工排忧解难,把党的温暖送到每个困难职工的心中。

5年来,全河加大经济工作力度,紧紧围绕治黄主业,依托黄河水土资源优势,因地制宜,努力寻找新的经济增长点,经济总收入比"九五"末增长10亿元,比"十五"预定目标超出8.31亿元。职工收入年均增长15.7%。经济实力和发展后劲得到进一步增强。

十、精神文明

如歌的岁月,火红的事业,带给人们的是蓬勃朝气。

"十五"期间,全河精神文明建设紧紧围绕"维持黄河健康生命"治河新理念,营势造场,激发了广大职工投身治黄建设的积极性。

在"三条黄河"建设中,全河广大青年充分发挥自身的聪明才智,为治黄现代化建功立业。为了表彰他们当中的先进典型,黄河水利委员会组织评选了"三条黄河"建设十大杰出青年,成为激励青年人才脱颖而出的标志性载体。为了加快培养与国际接轨的复合型人才,2001年12月,黄河水利委员会党组启动选派优秀青年科技干部出国学习的五年计划。一批批青年学子漂洋过海,出国深造,成为治黄事业发展的一支生力军。

平凡的工作岗位,同样能干出不平凡的业绩。刘孟会,台前黄河河务局的一名普通修防工,他勤奋好学,业务精湛,先后荣获"全国水利技能大奖"、"中华技能大奖"。在治黄英模带动下,全河涌现出一大批"爱岗位、练技能、革新创造争文明"的先进职工。

玛多水文勘测队的职工几十年如一日坚守在海拔4200多米的黄河源区,面对着恶劣的气候、艰苦的环境,他们默默无闻,无私奉献,获得了大量第一手的珍贵水文资料。2004年9月,黄河水利委员会党组做出决定,号召全河职工向玛多水文职工学习,学习他们爱岗敬业、不怕牺牲、忘我工作的精神。

文明单位创建在全河开花结果,目前,全河省、市、县三级文明单位达127个,占所有单位的87%。《调水调沙直播》、《水文感动黄河》、《先锋颂》等一大批鼓舞人心、催人奋进的精神文化产品,唱响了主旋律,营造了具有行业特色的精神文化阵地。

保持共产党员先进性教育活动扎扎实实,建立了长效机制。党风廉政建设注重从源头预防和治理腐败问题,创建了具有黄河特色的惩防体系。

全河离退休部门积极组织健康、文明的文体活动,评选表彰了一批"健康文明老人"、"健康文明之星"。黄河水利委员会老干部合唱团桑榆晚霞、意气风发,在全国老年合唱节上荣获金奖,展现了全河离退休队伍的卓然风采。

携一路征尘,洒一路豪情。黄河人走过了不平凡的5年,走过了波澜壮阔的5年,5年的开拓与创新,拼搏与奉献,在人民治黄60年的历程中留下了浓墨重彩的一笔。人与河流关系的重建,河流文明的复兴,正在让母亲河焕发出新的活力,继续奔向前方,奔向未来,奔向期待中那个生命的春天!

片尾曲:

黄河人

你要问是谁激动着我,你去问黄河人奋斗的生活

绵延长堤挺起了雄伟的新姿，喷涌沙浪裹挟着坚信的探索
啊，黄河人，黄河人，一串串汗水凝聚着你的辛劳
啊，黄河人，黄河人，一行行足迹见证着你的开拓
神圣自豪，任重道远，我为你祝福，为你放歌
为你放歌

你要问是谁激动着我，你去问母亲河生命的颂歌
乳汁断流牵动举国忧虑，儿女们如今还了她哺育的本色
啊，黄河人，黄河人，一串串汗水凝聚着你的辛劳
啊，黄河人，黄河人，一行行足迹见证着你的开拓
神圣自豪，任重道远，我为你祝福，为你放歌
为你放歌

你要问是谁激动着我，你去问孪生的"三条黄河"
计算机上穿梭着神奇的水流，实验室里翻卷起智慧的旋涡
啊，黄河人，黄河人，一串串汗水凝聚着你的辛劳
啊，黄河人，黄河人，一行行足迹见证着你的开拓
神圣自豪，任重道远，我为你祝福，为你放歌
为你放歌

统筹：郭国顺 乔增淼
撰稿：侯全亮 李肖强 王红育 徐清华 白波 张焯文
摄像：王寅声 李亚强 叶向东等
编辑：张静 王晓梅 胡霞 张悦 翟金鹏
片尾曲：侯全亮
文字整理：刘柳
2006 年 1 月全河工作会议播出

年轮——黄河 2006

生生不息的黄河,在悠悠时空中,又刻下了一道新的年轮。

这年轮,印记着黄河人奋斗的足迹;这年轮,荡漾着探索者激越的豪情;这年轮,映射着母亲河欢欣的希望。

一、长河作证

岁月悠悠,青史浩然。

2006年,中国共产党领导下的人民治理黄河事业走过了60年的光辉历程。在中华五千年的历史文明长河中,一个甲子轮回只是短暂的一瞬。

然而,正如奔腾浩荡的黄河一样,这60年,却是如此波澜壮阔,经天纬地。

九曲黄河,雄浑跌宕,以其博大的胸怀和非凡的气势哺育了中华民族的成长。但历史上,她又是一条忧患之河。千百年来,洪水泛滥频繁、决口改道反复上演,人们期盼"黄河宁,天下平"的美好愿望一直难以实现。

1946年,在战火硝烟中,人民治理黄河事业掀开了新的历史篇章。在中国共产党领导下,解放区人民一手拿枪、一手拿锹,在极其艰难困苦的情况下,保证了黄河回归故道后不决口,为中国人民的解放事业作出了巨大贡献。新中国成立后,在党和国家的高度重视和正确领导下,通过黄河建设者的艰苦奋斗,古老的黄河沧桑巨变,取得了举世瞩目的巨大成就。黄河60年岁岁安澜,宝贵的水利水电资源得到开发利用;水土保持有效减少了入黄泥沙。这些成就是历史上任何一个朝代所无法比拟的。

60道年轮,镌刻着老一辈创业者浴血奋战的不朽业绩,凝聚着一代又一代黄河人的心血与汗水,见证着人民治理黄河事业不断开拓前进的坚实足迹。

为了弘扬人民治理黄河的光荣伟绩,承前启后,继往开来,把这伟大的事业持续推向前进,大河上下开展了丰富多彩的纪念活动:冀鲁豫黄河水利委员会纪念碑巍然落成,大型历史文献《人民治理黄河六十年》编著出版,《黄河不会忘记》巡回演讲,离退休老同志座谈讨论,全河文艺汇演精彩纷呈……

在这具有重大历史意义的时刻,中共中央总书记、国家主席胡锦涛,国务院总理温家宝、副总理回良玉等党和国家领导人分别作出重要批示,进一步明确了黄河在国家现代化建设中的战略全局地位,高度评价了人民治理黄河60年的丰功伟绩,确立了黄河治理开发的指导思想和基本原则,为新时期的黄河治理开发与管理指明了方向,对黄河职工提出了殷切期望。大河上下欢欣鼓舞,如沐春风。

11月3日,水利部在郑州隆重召开纪念人民治理黄河60年大会。全国人大、全国政协、国家发改委、财政部、国土资源部、国家环保总局、济南军区、沿黄九省区分管领导和黄河职工共1000余人参加了纪念大会。

回良玉副总理亲临大会并发表重要讲话。

同期声:(国务院 副总理 回良玉)中国共产党领导人民治理黄河的60年,书写了黄河治理史上的灿烂篇章,铸就了"除害兴利、造福人民"的巍巍丰碑。这60年是见证黄河由泛滥到安澜,流域人民由贫穷到小康的发展史,是探索人类与自然从对立走向统一、从对抗走向和谐的实践史,是闪耀着中华民族坚韧不拔、自强不息伟大精神的奋斗史。它充分表明了真正成为国家主人的广大人民群众在中国共产党领导下,具有无尽的智慧和力量,可以创造无数的人间奇迹。

空前的盛会、激越的豪情、如潮的掌声,把人民治理黄河60年纪念活动推向了高潮。

全面规划、统筹兼顾、标本兼治、综合治理。以科学发展观为统领,坚持人与自然和谐的治水理念,让黄河更好地造福中华民族。坚持不懈地开展科学治水、依法治水、团结治水,让黄河安澜无恙,奔流不息。

面对党和人民的重托,历史神圣的使命,当前,大河上下正以此为契机,继往开来,开拓创新,把人民治理黄河事业继续推向前进。

二、潼关激浪

潼关,曾经演绎过一幕幕历史风云的关中古隘。1960年,三门峡水库建成运用后,泥沙淤积导致这里库区的抬升,严重影响关中平原的防洪安全,从而使潼关高程成为世人注目的焦点。

如何有效降低潼关高程,一直是黄河水利委员会孜孜探索的重大课题。近年来,黄河水利委员会先后采取射流冲淤、降低三门峡水库运用水位、东垆河道裁弯等多种措施,进行着艰苦的探索和不懈的努力。

那么,能否利用或塑造洪水,冲刷降低潼关高程呢? 2006年春,黄河人把目光投向了一年一度的桃汛过程。

每年三四月份,随着气温逐渐回升,宁夏、内蒙古冰封河段总会自上而下开河,水量沿程释放汇集,形成洪峰。因此时正值中下游桃花盛开时节,黄河上称之为桃汛。如果因势利导,把这股洪峰用好,就可能成为一支冲沙减淤的"生力军"。

科研人员对历年桃汛形成过程进行了深入分析,反复论证,编制提出了系统的试验方案,这一方案得到了国家防总和水利部的批准。于是,一个利用并优化桃汛洪水过程冲刷降低潼关高程的大胆设想，就这样走进了现实。

然而，黄河毕竟是黄河，这次试验从一开始就充满了挑战和变化。

2006年春，内蒙古河段出现了多年未有的平稳开河。头道拐站最大流量仅1430立方米每秒，为有水文资料以来的最小值。这种分段、平稳的开河形态，虽然对于黄河防凌较为有利，但是对于本次试验而言，由于水流下泄缓慢，水流动力不足，难以对潼关断面产生有效的冲刷作用。

在此情形之下，黄河防汛总指挥部果断决策，决定利用万家寨水库"先蓄后补"。然而，这将打破既定的水库防凌运用方式。经与内蒙古防汛指挥部和水库运行单位紧急磋商，达成一致意见。3月19日，万家寨水库开始蓄水，至22日水库蓄水已达到972米高程，10多亿立方米的水量云集一库，蓄势待发。

3月23日8时，万家寨水库开始塑造洪水，憋足了劲的水流喷涌激射，如离弦之箭，顺着河道直向潼关方向冲去。

字幕：自3月23日8时至26日4时，万家寨水库以日均2500立方米每秒的洪峰流量下泄，期间最大下泄流量3160立方米每秒。

试验在确保内蒙古和小北干流河段防凌安全的前提下，取得了明显效果。评估结果表明，经过这次冲刷，潼关高程由327.99米降低至327.79米，同流量水位下降了0.20米。同时，还使天桥水库、小北干流河段和三门峡水库淤积状况得到了改善。

别小看了这20厘米。要知道，潼关高程的一点点减低，都会让黄河人感到欣慰。因为，近半个世纪的实践证明，由于各种复杂因素影响，要使潼关高程大幅度降低，绝非易如反掌。这次试验的意义，绝非定格于潼关断面20厘米的降低值，它告诉我们，只要认识和掌握洪水的自然规律，就能正确地处理人类与洪水的矛盾,并使之从对立走向统一,走向和谐。

三、堤岸伏波

悠远绵长的黄河堤防,穿越岁月的沧桑洗练,与母亲河相依相伴,休戚与共。

时至 2006 年岁末,冬日凛冽的河风中,热情满怀的黄河人把轰轰烈烈的堤防会战推向了一个新的起点。

同期声:(山东省　省长　韩寓群)我宣布,山东黄河第二期标准化堤防建设工程开工。

同期声:(河南省　省长　李成玉)我宣布,河南黄河第二期标准化堤防建设开工。

12 月 20 日、25 日,黄河第二期标准化堤防分别在山东、河南堤段拉开战幕。

昨日奋战的情景依然清晰可见。2005 年,经过参建各方夜以继日的奋力拼搏,黄河南岸 287 公里的一期标准化堤防建设全面完成。巍峨挺立的大堤,宽阔平坦的道路,万木葱茏的树林,把"防洪保障线、抢险交通线、生态景观线"三位一体的堤防图景,变成了现实,极目望去,巍然壮观。

如今,一场新的战役打响了。黄河第二期标准化堤防山东河段包括南岸东明下界至梁山国那里,北岸聊城至南展堤上首,堤防长度 194 公里。

河南河段包括北岸的武陟沁河口至台前张庄,堤防长度 152 公里。整个二期工程总投资达 40 亿元。

在此之前,经过黄河水利委员会和有关方面的共同努力,黄河第二期标准化堤防建设提高了土地补偿标准,环境影响评价、工程建设用地相继获得有关部委批准。沿河各级政府的高度重视,两岸群众的大力支持,一期工程的宝贵经验,施工队伍的昂扬士气,为推进黄河第二期标准化堤防建设奠定了坚实的基础。

可以预期,黄河标准化堤防全面建成的那一天,两道"水上长城"将成为确保防洪安全的牢固屏障,抢险通道将更加畅达,两岸也将呈现出生机勃勃的"绿色长廊"。

同期声:(黄河水利委员会　主任　李国英)我宣布,黄河下游河道新一轮整治工程开工。

2006年岁末这一天,另一场事关黄河安危的重大工程举行了奠基礼。12月31日,黄河下游河道新一轮整治工程在花园口马渡险工正式启动。

黄河下游宽、浅、散、乱,游荡多变的河道形态,使得洪水糜无定向,肆虐为患,冲决、溃决严重威胁着堤防安全,从而成为一道复杂难解的世界难题。

多少年来的实践表明,要确保黄河下游防洪安全,必须修建河道整治工程,控制主流频繁摆动。

20世纪50年代以来,黄河水利委员会先后在艾山以下窄河段、高村至陶城铺过渡性河段,自下而上,由易到难,进行了河道整治的研究与实践。然而,对于高村以上游荡性河道的整治,长期以来,则众说纷纭,认识不一。2002年以来,黄河水利委员会利用"三条黄河"联动,进行了大量数学模型运算、原型黄河现象分析、实体模型反演试验,对河势演变机理和整治方案进行了深入研究,确立了以"微弯型"整治为主,突出"节点"工程,自上而下集中治理的建设原则。

一个控导河势、规范流路、防止主流顶冲大堤,以及为滩区安全提供保障的河道整治工程建设布局逐渐明晰。

黄河下游河道新一轮整治工程共34处,累计长度达32公里,落实计划投资6.6亿元。

标准化堤防和河道整治工程建设规范洪水,构成抵御洪水的坚强防线,护卫着下游两岸人民的生命安康。

四、水沙协奏

这是河南濮阳黄河滩区一个普通的村庄。

望着刷深的河槽，畅流的河水，如今村民们心里踏实多了。因为3500个流量的洪水没有上滩，他们辛辛苦苦的耕耘，可以保证收获了。这得益于连续5年的调水调沙。

每一次的调水调沙，可以利用的水沙条件都不一样，你想完全照搬前一次的成功经验，几乎没有可能，这就是黄河的特质。2005年的调水调沙，小浪底库区成功塑造异重流，并让其排出库外，很大程度上是万家寨、三门峡、小浪底水库三库联合调度的结果。然而，2006年的调水调沙，万家寨水库因可调水量较少，在水动力条件上明显弱于2005年的情况，同时，泥沙条件也没有2005年的优越。显然，要想在2006年的调水调沙中成功塑造小浪底库区异重流并实现排沙出库，困难比2005年甚至2004年都大得多。

为此，黄河水利委员会多次组织研讨会商，分析形势，制定对策。研究认为，在小浪底库区淤积三角洲顶坡段，淤积物较细，异重流预定潜入点距大坝约40公里，而这段行程坡降较大，充分利用这些有利条件，塑造异重流，并排沙出库，具有很大的成功胜算！

一套新的调水调沙方案应运而生！

6月25日，根据黄河防汛总指挥部的命令，三门峡水库开闸放水，以3500立方米每秒的下泄流量进入小浪底水库。此后流量逐步增大，至26日零时，下泄流量已达4400立方米每秒，接着三门峡水库两条隧洞和12个底孔全部打开，使尽浑身解数，尽其所能，敞泄排沙。

滚滚洪流进入小浪底库区上段，裹挟起大量泥沙，在预定地点倏然潜入库底，形成了异重流。

27 日,异重流行进到小浪底水库坝前,进而通过排沙洞冲出库外。随着几股由清变浑的冲天巨浪喷涌而出,欢腾的"人造洪峰"如巨龙腾飞,泛着生命的波澜,奔流东去!

回首征途多崎岖,五年求索不寻常。

水文数据显示,连续五年的黄河调水调沙,共有 3.6 亿吨泥沙被送入大海,下游河道全线冲刷,河底高程平均下降 1 米左右,主河槽最小过流能力由 1800 立方米每秒提高到 3500 立方米每秒。

2006 年调水调沙期间,黄河三角洲自然保护区又注入 1000 多万立方米水量,湿地萎缩的趋势得以遏制,土壤质量和湿地水体状况明显改善,呈现出一派鹤舞霞彩、芦花雪飞的景象。

五、护河之剑

同期声:(新闻联播)国务院总理温家宝今日签署第 472 号国务院令,公布《黄河水量调度条例》,该条例已经 2006 年 7 月 5 日国务院第 142 次常务会议通过,自 2006 年 8 月 1 日起实施。

2006 年 7 月 24 日,国务院总理温家宝签署第 472 号国务院令,发布《黄河水量调度条例》。至此,我国第一部大江大河水量调度行政法规宣告诞生。

这是绿色颂歌的强音,这是河流生命的护卫之剑。

回望 7 年水量调度之路,可谓险象环生,如履薄冰。资源性缺水的窘迫现状,不断膨胀的用水需求,错综复杂的社会关系,持续性的流域干旱,各种矛盾纵横交织,新旧理念猛烈碰撞,使黄河水量调度工作举步维艰,难上加难。

为了确保黄河不断流,黄河水利委员会根据国家授权,强化管理,优化配置,科学调度,在有关方面通力协作、密切配合下,化解了一次次断流危机。

几度风雨春秋,几番化险为夷。黄河人感到:面对日益尖锐的水资源供需矛盾,要有效化解黄河的断流危机,迫切需要以法律武器,确保水调工作的长效运行,捍卫河流生命的尊严。

几年来,黄河水利委员会通过深入调查研究,反复论证,数易其稿,起草了《黄河水量调度条例》文本,又经国务院法制办征求多方面的意见,并进行反复修改,形成了条例草案。

如今,《黄河水量调度条例》的正式施行,为依法治水,促进人水和谐,铸造了一把刚性之剑。

同期声:(国务院法制办 副主任 郜风涛)《条例》的实行是缓解黄河流域水资源供需矛盾、确保黄河战略地位的客观需要,是贯彻落实《水法》规定的基本制度,是尊重黄河水资源特殊性的内在要求。

同期声:(黄河水利委员会 主任 李国英)《黄河水量调度条例》的出台对黄河而言,在法规层面上,把《水法》关于水量调度的基本制度,落在了黄河流域实处,建立起黄河水量调度长效机制,极大促进了有限的黄河水资源的优化配置。

依据《黄河水量调度条例》的规定,黄河支流调度被迅即提上日程。2006年11月,黄河水利委员会对渭河、沁河等9条重要支流实施水量统一调度,并初显成效。

据统计,11月重点支流取水5.3亿立方米,耗水3.2亿立方米,均在控制指标之内;入黄断面流量均大于最小入黄流量指标;渭河、沁河各控制断面月均流量也分别达到计划控制指标。

调水乐章连连奏响。引黄济青的圆满完成,为胶东半岛的海滨之城送去1.8亿立方米宝贵的黄河水,缓解了那里的燃眉之急。首次引黄济淀生态补水的实施,为白洋淀补水4.2亿立方米,"华北明珠"重现昔日风采。

千里之外,河西走廊再传捷报。黑河干流以6.44亿立方米的最少耗水量,4次输水入东居延海,创造了累计连续800多天不干涸的历史佳绩。

法律屏障,乐章和鸣,碧波荡漾,从中人们真切感受到科学发展观的深刻内涵。

六、破冰之举

2006年4月,一场潇潇春雨中,河南新乡河务局、山东济南河务局分别召开动员会,悄然拉开了黄河水管体制改革的大幕。

黄河治理,事关社稷大局。自明、清以来的几百年间,黄河下游河防管理就一直承袭着"建设、管理、运行、养护"于一体的管理体制。在当时的历史条件下,这种模式,对于统筹修防工作、防御洪水,曾经发挥了重要作用。

然而,时至今日,在社会主义市场经济体制改革深入推进的形势下,这种传统的水管体制已不合时宜。

多年来,常年驻守大河两岸的基层治河部门,执法主体职能不清,政、事、企不分,工程监管责任不明,维修养护缺乏资金,惨淡经营,这些都严重困扰着黄河职工。

黄河水利工程管理体制改革已势在必行。

2002年,国务院批转了水利部关于《水利工程管理体制改革实施意见》,明确提出,用3~5年时间建立起适应社会主义市场经济要求的水利工程管理体制和运行机制。

2005年3月,黄河水管体制改革开始了破冰之举。

25个水管单位率先实施了"管养分离"改革试点。按照产权清晰、权责明确、管理规范的原则,县级河务局及其所属单位打破原有格局,实现了管理单位、维修养护公司、施工企业的分离。"三驾马车"并驾齐驱的新型管理模式雏形显现。

2006年,这场改革继而推向所有水管单位,改革的层面也更加深入广泛。各市级河务局组建了专业化的工程维修养护公司,施工企业统一整合,增强了市场竞争能力,供水管理体制改革同步进行。

6月30日,是黄河史上一个不同寻常的日子。从这一天开始,全新的管理体制开始扬帆远航。

凤凰涅槃,浴火重生。一场深刻的改革,理清了关系,激活了机制,走活了棋局。工程管理定额有了明确规定,维修养护资金渠道有了保障,企业职工基本养老保险纳入省级统筹,解除了后顾之忧。

改革后,水管单位职工队伍的年龄结构、整体素质有了明显的提高。

同期声:(古荥养护班 职工 谷书民)我是一位在改革过程中从河务局调到维修养护公司的职工,现在收入比以前高了,养老保险由国家管了,工资收入不愁,养老无忧。唯一的想法,就是千方百计把咱们的黄河大堤维护好。

同期声:(焦作市安澜有限责任公司 职工 魏贺)我是去年改革时从河务局调到工程公司的一名职工。到了公司以后,我觉得工资比以前高了,灵活性也比以前好,大家干的比较舒心。今年又是一个好年,我们又中了总投资达1000多万元的工程,大家正在热火朝天地干着呢!

经历了工程管理体制改革的洗礼,新一代黄河人解脱了管理与创收负重前行的困扰,脚下的步伐更加踏实有力,肩上的事业增添了无限的生机与活力。

七、百舸争流

如果把改革和创新比做黄河治理开发与管理工作的基因和养分,那么,2006年,大河上下就是一幅生机盎然、硕果累累的丰收图。

水土保持工作以粗泥沙集中来源区和沟道拦沙工程为重点,综合治理和预防监督,人工治理与生态修复齐头并进,全年综合治理水土流失面积1.25万平方公里,24个项目区水土保持生态工程建设和23个项目区的生态修复试点全面完成。

党风廉政建设加强落实责任制,注重从源头预防和治理腐败,建立了黄河特色的惩治和预防腐败体系,各级领导干部的思想作风建设和廉政建设得到了明显加强。

创新工作,热潮涌动,科学研究进展显著。2006年全河有92项成果荣获"黄河水利委员会创新成果奖","数字黄河"工程荣获"2006年度中国信息化建设项目成就奖",治理黄河科研工作获得国家重大科技项目支撑。

经济工作持续稳定发展。水电、供水、建筑施工、设计咨询等领域的创收能力不断提高,全年实现经济总收入42亿元,为治理黄河事业增添了动力和后劲。

同期声:(新闻联播)深居雪域高原,坚守黄河源头,三十年来测报上万份珍贵数据。今天的劳动者之歌为您介绍西宁水文水资源勘测局玛多水文勘测分队队员谢会贵。

他叫谢会贵,玛多水文站的一名普通水文职工。30年来,他默默无闻,无私奉献,坚守在海拔4200多米、高寒缺氧的高原地区,获取了一组组珍贵的第一手水文资料,为治黄事业作出了突出贡献。2006年12月,黄河水利委员会党组做出决定,授予他劳动模范称号,号召全河职工向谢会贵学习,进一步弘扬了"团结、务实、开拓、拼搏、奉献"的黄河精神。

针对社会基本医疗保险"广覆盖、低保障"的不足,黄河水利委员会印发《积极推进职工重大疾病医疗救助工作的意见》,建立了职工重大疾病救助机制。这一重大举措,犹如一场及时雨,解决了压在患病职工心头的沉重负担。

截至目前,全河参加重大疾病医疗救助机制的职工已有21000多人,占可参加人数的56%。

千帆竞发,百舸争流,一年来,干部队伍建设、离退休管理、宣传出版、后勤服务、移民监理、安全生产、医疗卫生等各项工作都有了新的进展。

雄关漫道真如铁,而今迈步从头越。在充满希望的 2007 年,黄河儿女将更加意气风发,开拓进取,为维持黄河健康生命作出新的贡献!

片尾曲:

一年又一年

我家住在黄河岸边

巍巍长堤是我亲密的伙伴

众志成城　力挽狂澜

啊　一年又一年

为人民守卫着美好的家园

我家住在黄河岸边

绿色颂歌是我生活的琴弦

统一调度　优化资源

啊　一年又一年

有心血开掘着奔流的源泉

啊　一年又一年

啊　一年又一年

六十道光辉灿烂的年轮

谱写着一幕幕波澜壮阔的史诗

凝聚着一辈辈呕心沥血的奉献

我家住在黄河岸边

黄土高原是我深深的爱恋

治沟筑坝　推广示范

啊　一年又一年

为大河播种希望的明天

我家住在黄河岸边

母亲河危险是我痛心的忧患

革新理念　铁肩代言

啊　一年又一年

高扬起黄河健康生命的风帆

啊　一年又一年

啊　一年又一年

艰巨而光荣　任重而道远

我们肩负神圣的使命

承前启后

继往开来

勇往直前

统筹：郭国顺 乔增淼

撰稿：侯全亮 李肖强 王红育 刘自国 于迎涛
　　　张焯文

摄像：王寅声 李亚强 叶向东 吕应征 陶小军等

编辑：邢敏 张静 胡霞 张悦

片尾曲：侯全亮等

文字整理：刘柳

2006 年 1 月全河工作会议播出

收获——黄河 2007

这是一条曾流淌着桀难与激越的河流；

这是一条传承着祖国血脉与历史的河流；

这更是一条播撒梦想与收获希望的河流。

2007 年,亘古不息的黄河,乘着时代的风帆,一路征尘,一路高歌,迎来硕果满枝的秋实。

同期声:(新闻联播)中华全国总工会庆祝"五一"劳动节大会今天在北京召开。

在 2007 年受表彰的"全国五一劳动奖状"先进集体中,黄河水利委员会赫然其中。这是我们国家为表彰在经济建设与社会发展中作出突出贡献的先进集体而设置的最高奖项。黄河水利委员会获此殊荣,彰显出党和国家对四万黄河儿女致力维持黄河健康生命的充分肯定和褒奖。

同期声:(新闻联播)我国环境保护领域最高的社会性奖励"第四届中华宝钢环境优秀奖"今天在北京揭晓。

中华环境奖是我国环保领域代表性最强、影响最大的奖项。2007 年,黄河水利委员会喜获"第四届中华宝钢环境优秀奖",标志着黄河水利委员会保护环境和治理河流的行动正赢得全社会的广泛赞誉。

继 2006 年获得国家信息化建设重大成就奖后,在 2007 年大禹水利科学技术奖评选中,"数字黄河"以全票通过评审,获取大禹水利科学技术奖一等奖第一名。

与此同时,黄河水量调度系统以其实用先进、规模宏大而在国内外同行业独领风骚,捧回河南省人民政府颁发的科技进步一等奖,成为河南向全国举荐的信息化建设代表。

2007年12月18日,中国水利工程协会将中国水利工程优质奖授予了山东黄河标准化堤防工程和河南开封黄河标准化堤防工程。这是迄今为止黄河堤防工程获取的最高荣誉。

这收获,印记着母亲河春华秋实的历程;这收获,镌刻着黄河人不懈奋进的记忆。

随着我国经济社会的快速发展和流域人口的增加,世纪之交,古老的黄河以自身的惊人之举发出了无声的诘问。

1996年8月的一场洪水,一场对于黄河而言只是7600立方米每秒的中常洪水,却让我们感到了异常的紧张与压力。超过1958年实测历史最大洪水的高水位、出人意料的缓慢洪水演进速度以及多处出现险情的下游河道工程,都让多年守望黄河的人们一次次感到了震惊与困惑。2003年10月,久未谋面的秋汛洪水同时出现在渭河与黄河,较小洪水量级甚至够不上编号洪峰的径流过程,却造成了震动全国的灾害。一时间,小水大灾的谜局成了黄河人不得不面对的难题。黄河防洪的出路何在?

1997年,仅仅在"96·8"洪水的第二年,让人始料不及的黄河,却戏剧般地出现了一个无汛之年。1997年全年黄河断流226天,断流河段一直从河口上延至700公里外的开封,成为黄河陆续断流15年后最为严重的一年!全国上下乃至世界范围内一片惊呼——黄河正在走向季节河!黄河文明正在滑向没落!炎黄子孙闻之孰能不为之动容?无数世代居住在河畔的老人们痛呼:这还是那条养育我们几代人的黄河吗?

再看看我们曾经的母亲河,她遍体鳞伤、浑身污浊、步履蹒跚。全河50%的河段低于Ⅲ类水标准,沿岸几乎所有的支流、所有的城镇、所有的工厂都在肆无忌惮地向母亲的躯体全天候源源不断地注射着毒汁、污物,就连在向外流域河北、天津应急调水过程中,都因黄河水质问题而被迫中断引用。一直关注这条母亲河的人们,此时不能不痛苦地考问:黄河治污还有丝毫的退路吗？

黄土高原每年16亿吨的入黄泥沙造就了黄河下游高悬于人们头顶之上的"地上悬河"。连续近二十年的枯水期，"地上悬河"悬而未决。河床淤积进一步演化为更为严重的"二级悬河"，下游平滩流量竟然不足1800立方米每秒。淤积抬高还在继续，下游河道岌岌可危，仅仅依靠不断加高两岸堤防与河床赛跑、抵御洪水的治黄之路终究有一天要步入死穴，就连治黄专家也禁不住这样提问：对于一条善淤、善决、善徙的古老河流，黄河下游河道的寿命还能维持多久？

2001年，时任水利部部长的汪恕诚，深入剖析了黄河存在的以上问题，经过审慎思考，提出了"堤防不决口、河道不断流、污染不超标、河床不抬高"这一面向21世纪治理黄河具体而形象的目标。

依据《黄河近期重点治理开发规划》提出的战略思想，站在世纪的门槛，黄河水利委员会以科学发展观和水利部治水新思路为指导，立足黄河实际，吸取历代治河经验，传承以往治河业绩与方略，创新思维，不断实践，逐渐形成"维持黄河健康生命"的治河新理念，并以此为中心构建了"1493"治河体系。

这一体系，将黄河作为一个生命体，从化解黄河生存危机出发，以实现人与河流和谐相处为目的，将水少沙多、水沙关系不协调与经济社会发展、生态环境要求不适应作为分析和解决黄河问题的主要矛盾和突破口，展开了一系列新的探索，为黄河无声的生命呼唤。

这把铁锁，对于大多数黄河人来说并不陌生。很多年里，当黄河面临断流危机，黄河人就是依靠这样的一把把铁锁，锁住引黄涵闸，锁住黄河水资源最后的底线。

今天，曾经紧把闸门的"铁将军"退役了，取而代之的是数字化信息掌控的"无形之锁"。现代远程涵闸监控系统和黄河水量调度系统悄然"亮剑",实现了涵闸的无人值守、远程控制及水位数据的实时采集、引水流量的自动计算。它们犹如一双"天眼",将下游两岸引黄涵闸的一举一动,实时监控,洞察秋毫,提醒水量调度人员应对各种突发事件,为这条伟大的河流筑起了一道生命防线。

"这是我所见到的最大的水量调度系统,黄河水量调度领导了潮流!"2004 年,当法国罗纳河流域委员会主席 Pierre Roussel 首次领略了黄河水量调度系统的无限风光后,感慨良多。

从铁锁起步,加之行政、工程、技术、经济等措施,从 2000 年开始,黄河走出了连年断流的泥潭,让下游河流生态功能得以发挥。2006 年,国家又正式颁布实施《黄河水量调度条例》,从法律层面上对黄河水资源的统一管理调度予以保障,从而更进一步提高了流域的供水安全,改善了区域经济发展环境,更重要的是,这一切让黄河开始走向了健康生命复兴的时代。

今天,除了现代数字水量调度系统之外,在黄河这条古老的万里巨川上,我们还能听到更多治黄现代化的铿锵足音。

2002 年,黄河第一座数字化水文站在花园口建成。

黄河下游工情险情会商系统、水情信息查询及会商系统、洪水预报与调度耦合系统让千里之外正在发生和已经发生的汛情、险情、灾情、工情瞬时传递。利用遥测、遥感等高新技术建立的信息采集、传输系统,使得全流域的水情数据 30 分钟到报率由 45% 提高到目前的 95%,为防洪赢得了宝贵时间。

而黄河流域水土保持生态环境监测系统的建设,让水土保持部门足不出户,黄土高原的沟沟梁梁即可尽收眼底。

这是我国第一个数字化水资源保护监控中心。分布于大河上下的水质监测站点与之相连,为实现黄河流域水资源保护、监督与管理技术现代化、数据采集自动化、信息资源共享化、管理决策智能化提供了有力的技术保障。

短短几年,"数字黄河"异军突起,与"原型黄河"、"模型黄河"相辅相成,互为印证,成为实现治黄各个领域现代化的必要手段。2007 年,在大禹水利科学技术奖评审中,"数字黄河"工程众望所归,以 24 个评委 24 票的高度统一,毫无争议地拔取头筹。

2002 年 7 月 3 日深夜,河南开封一个普通的产房里,一个新的生命诞生了。

初来人世的幼小生命不会知道,这一夜,恰是黄河首次调水调沙试验的前夜。坚守在调水调沙试验一线的父亲,没能迎接女儿的到来,可他并没有忘记自己已初为人父,更没有忘记自己的职责,为了纪念这一天,这位父亲给新来到这个世界的女儿起了个小名叫"调水"。

同期声:(小"调水"的父亲):作为父亲,我真的是想回去了,谁不愿意守在妻子身边,一块等我们宝宝出生?但是,调水调沙对于我们来说,真的是太重要了。我和我的同事,为了这一刻的到来,忙碌了大半年。当时,我真的不好意思请假说回家了。

2002 年之夏,当首次调水调沙试验在黄河成功举行之时,忽如一夜春风来,"调水调沙"一词迅即传遍大江南北。

2002 年黄河首次调水调沙试验,首开最大规模河流原型试验之先河,成为现代治黄的探索壮举。2003 年调水调沙试验,艰难险阻中书写大空间尺度水沙对接之妙笔,凸现人工调节黄河水沙关系的科技含量与深远前景。2004 年至 2006 年调水调沙,闪耀着不同条件、不同河段、不同水沙级配模式、不同水库调度组合的智慧结晶,充满了现代治河的韵味,尤其是人工塑造异重流的成功,更是一部填补空白、绚丽多彩的惊世乐章。

2007 年的黄河调水调沙再次验证了黄河治理开发中传承、探索、创新的脉搏。这一年,黄河调水调沙创造了多个之"最":

利用汛期洪水开展的调水调沙；小浪底水库排沙洞出库水流含沙量最高达230千克每立方米，实现了人工塑造异重流以来最大的出库含沙量；卡口河段最小平滩流量增大到3720立方米每秒，而就在6年前，卡口河段的流量还不足2000立方米每秒；利津站通过的最大流量是3910立方米每秒，为10多年来黄河下游河道通过的最大洪峰流量。

6年过去了，在父母的呵护下，小"调水"在慢慢长大。与之同行的七次调水调沙，像七个美妙的音符，谱写了一曲维持黄河健康生命的欢歌。黄河人借助自然与科技的力量，实践了目前最经济、最有效的输沙减淤方式。4000立方米每秒流量的主河槽过流能力的预期目标正在靠近，一条水沙输送的"高速公路"已初现端倪。

在调水调沙与水量统一调度的共同作用下，下游河道主槽萎缩的颓势得到了遏制，河流健康生命正在回归。

从山东省东营市城区向东北方行驶一个多小时，便进入一片水草丰茂之地，这就是黄河三角洲。这里是整个东北亚内陆及环太平洋迁徙鸟类重要的越冬、中转和繁殖地，有着"鸟类的国际机场"的美誉。

然而，在20世纪的最后十几年，这片地球暖温带最广阔、最完整、最年轻的湿地生态系统经历了从美丽家园到失乐园、从失乐园到美丽家园的阵痛和嬗变。

由于入海水沙量减少，自1996年起，黄河三角洲的造陆面积出现负增长，平均每年约有7.6平方公里的土地被渤海"吞食"。海水的入侵导致三角洲部分区域盐渍化加剧，生态严重萎缩退化。仅三角洲自然保护区内的天然湿地面积，在过去十多年中减少了近40%，河口地区的部分生物种群痛失家园。

1999年，根据国家授权，黄河水量实施统一管理和调度。大河连年唱响绿色颂歌，畅流入海，重新成为贯通大陆和海洋的生命纽带。

通过黄河水量调度与调水调沙,黄河河口有了淡水的浸润,河口海岸线向前推进了 5 公里,新淤土地面积 50 平方公里,湿地新增 5 万公顷。

根据中国水利水电科学研究院和清华大学的宏观国民经济分析,统一调度还使黄河流域及相关地区累计增加国内生产总值(GDP)1544 亿元,年均 309 亿元。

"绿为水润、水为人利"。黄河三角洲生命的复苏,何尝不是黄河人不尽的探索与追寻?

事实昭示世人:在新的治水思路引导下,以优化配置为手段,实施流域性水量统一调度,可以促进水资源的可持续利用,可以实现人与自然的和谐相处。

2007 年 6 月 4 日,新的黄河防汛抗旱总指挥部在郑州隆重成立,同时也标志着黄河一个新时期的到来。

党和国家历来重视黄河防汛工作,确立了其在国家现代化建设中的战略全局地位。黄河防汛总指挥部成立于 1950 年。57 年来,在国家防汛抗旱总指挥部的领导下,在中下游各省(区)人民政府的支持下,黄河防汛总指挥部认真贯彻落实党中央、国务院有关方针、政策,认真履行组织、指导、协调、监督黄河中下游防汛的工作职责,军民同心协力,创造了新中国成立后黄河下游伏秋大汛岁岁安澜的丰功伟绩,有力保障了流域经济社会的稳定发展。

黄河防汛抗旱总指挥部的成立,使其工作范围从黄河中下游四省(区)扩展到全流域,职能从以防洪为主扩展为防汛抗旱一体化,在确保黄河安澜、保障水资源安全、实施洪水泥沙统一治理方面实行流域统一管理、统一指挥,为续写黄河安澜、统筹流域抗旱、铸造水资源的盾牌再强基石。

2007 年,利用并优化桃汛洪水冲刷降低潼关高程的试验继续进行。当经万家寨水库调蓄和塑造的桃汛洪水过程在潼关卡口结束,黄河人为其使潼关高程又下降了0.05米而欣喜。

2007年,黄河治理开发与管理现代化事业,如同大河东进,沿着60年人民治黄的足迹,继往开来,奔涌向前。

三年前,在黄河水利委员会上下的大力推动下,标准化堤防应运而生。2005年,黄河南岸287公里的一期标准化堤防建设全面完成。巍峨挺立的大堤、宽阔平坦的道路、万木葱茏的树林,把"防洪保障线、抢险交通线、生态景观线"的堤防梦想变成了现实。今天,热情满怀的黄河人正向着黄河二期标准化堤防勾画的蓝图挺进,黄河北岸346公里的堤防线上有条不紊地拉开再建绿色长廊的大幕。

经过了三年的研究、试验、规划和设计,黄河下游新一轮河道整治工程,进入建设程序。竣工后的新河道整治工程将用它坚实的臂膀,勾画出优美的中水流路和清晰的治导轮廓线。

新体制下的黄河工程管理展现出了精细管理、规范管理的新水平、新面貌。

粗泥沙的治理是治理黄河的首要任务和根本之策。放眼莽莽苍苍的黄土高原,黄河人不断升华对黄河粗泥沙集中来源区泥沙运动规律的认识。淤地坝试点工程、世行贷款项目、退耕还林等一大批上中游生态建设重点项目的实施,使黄河中游水土流失治理速度达到了历史最高水平。社会各界正对加快黄河粗泥沙集中来源区治理达成广泛共识,其前期立项取得实质性进展。构建黄河粗泥沙第一道防线的水土保持方案日渐清晰。

近两年来,黄河兰州段先后发生两起突发污染事故,然而处理结果却迥然不同。这得益于集管理、监测、科研于一体的《黄河重大水污染事件快速反应机制》的建立。今年,黄河流域又首次开展旨在促进节能减排的入河排污口专项执法检查,黄河沿岸排污口逐步纳入统一监管范围,流域水资源保护工作在深度、广度上进一步延展。

被称为黄河治理开发蓝图的《黄河流域综合规划》新一轮编制工作全面启动。《规划》以科学发展观和可持续发展水利作为编制指导思想,将对黄河不断出现的新问题赋予更为广阔的解决途径。

2007年10月,在黄河即将投入大海怀抱的地方——山东东营,第三届黄河国际论坛吸引了来自世界60多个国家和地区的1000多名国内外水利管理者、水资源与环境专家。这不仅仅是因为黄河是中国江河的缩影,一条世界上最复杂难治的河流,更由于第二届黄河国际论坛倡导的"维持河流健康生命"已延展为世界河流的共同命题,被世界水利界所共同认可和接受。第三届黄河国际论坛提出了"流域水资源的可持续利用与河流三角洲生态系统的良性维持"的主题。黄河水利委员会与欧盟、世界自然基金会、荷兰、西班牙等多个国家与组织签署了合作协议,使黄河国际论坛进一步成为世界流域水资源管理、水技术开发融会贯通、携手共进的平台。

历时4年的黄河水利委员会创新成果评审,如一部促动治黄事业不断加速的巨大引擎,催生着理论技术类、管理体制类、应用技术类成果如雨后春笋般蓬勃而出。全河上下热情高涨,前3年172项成果的研究与应用,几乎涵盖所有治黄工作的主要层面。2007年共有158项创新奖在申报的283项成果中脱颖而出,它们已经或正在改变着我们的黄河。创新激发着从教授专家到一线职工的聪明才智,掣动着治黄科技的风帆蓄势远航。创新意识已深深根植于治黄人的心中。

2007年,黄河玛多水文站谢会贵的事迹传遍全国,成为黄河精神的最新注解;由黄河水利委员会倡导和主持编撰的河流伦理丛书正式出版;《维持黄河健康生命》一书"荣获首届中国出版政府奖";治黄文化建设与黄河的治理相辅相成,高歌猛进;大病救助、养老保险、住房建设、职工之家等一系列惠及广大治黄职工的举措,让全河职工更加以饱满的激情投入到这火红的事业洪流之中。

2007 年的黄河成为一条收获的河流,一条凝聚着数万治黄人特有执着与创造的河流。

从"原型黄河"到"三条黄河",从调水调沙试验到标准化堤防建设,从水资源统一管理调度到构建水沙调控体系的探索,直至"维持黄河健康生命"治黄理论框架的确立,黄河人将科学发展观、构建社会主义和谐社会,以及可持续发展水利,实现人与自然和谐相处化作了自觉实现能动性的岗位职责,凝聚着黄河人执着追求的信念,浸透了黄河人值得骄傲的辛劳和汗水。

2007 年,我们的收获不仅仅是具体有形的国家褒奖的奖杯,更多的来自于"维持黄河健康生命"理念的拓展与升华。

2007 年,4 万黄河儿女走过一个甲子的轮回之后,又站在了一个新的转折点上,前方,面向太阳升起的地方,是河流健康生命复兴的未来,是我们这个民族振兴的希望。

统筹:郑胜利 乔增淼
撰稿:刘自国 王红育 徐清华
摄像:李亚强 叶向东 吕应征 陶小军 李臻等
编辑:邢敏 张悦 张静
2008 年 1 月全河工作会议播出

荣誉——黄河 2008

曾经有一段升腾的希望在这里驻足。

曾经有一种涌动的心潮在这里汇聚。

2008 年,黄河的梦想和激情在相拥中翱翔,一个个辉煌的瞬间,希冀着黄河人的希望,荣耀着黄河人的荣誉。

这荣誉,印记着黄河人的探索与执着。

这荣誉,铭刻着黄河人的责任与奉献。

一

这是第 29 届奥运会主体育场"鸟巢"。

2007 年,美国《时代》周刊公布了全世界 100 个最具影响力的设计,"鸟巢"夺得建筑类最具影响力设计的桂冠。

这是山东济南黄河标准化堤防。

千百年来,这段古老的大堤,同万里长城、京杭大运河一起,被誉为维系东方文明的伟大工程。

2008 年,山东济南黄河标准化堤防作为我国水利行业唯一的竞技者,与世界上规模最大、技术含量最高、结构最为复杂的"鸟巢",一起登上了我国建筑行业工程质量的最高荣誉殿堂。

同期声:(新闻联播)2008 年度中国建筑工程鲁班奖(国家优质工程)今天颁奖,国家大剧院等 98 项建筑获奖。

中国建筑工程鲁班奖是我国建筑行业工程质量的最高荣誉奖。因其高标准、严要求,"优中选优"的评选原则,自 1987 年设立以来,在数万项推荐工程中,仅有 1200 多项工程获此殊荣,素有建筑界的"奥林匹克"之称。

每一座鲁班奖建筑,都是那个时代建筑工程的最佳代言者和诠释者。站在这一刻,黄河人可以自豪地宣告:黄河标准化堤防无愧于时代的选择。

堤防是最为古老的水利工程,也是举世公认的防御洪水最有效的措施之一。新中国成立后,黄河下游堤防走上了"强筋壮骨"的复兴之路,横跨华北平原的"水上长城"见证了一个民族的豪情壮举。然而,面对复杂难治的黄河洪水,我们不得不直面这样的现实:黄河下游堤防抵御洪水的能力仍不适应现代防洪保安全的要求。

2002年,国务院批复了《黄河近期重点治理开发规划》,明确提出加强黄河堤防建设的要求,集防洪保障线、抢险交通线、生态景观线于一体的标准化堤防应运而生。"堆土成堤"的古老智慧在21世纪人与自然和谐相处的现代理念指引下完成一次涅磐般的升华。

这就是济南黄河标准化堤防建设者在国内水利工程施工中首创的超远距离输沙技术。它运用四级加力泵站,实现了14公里超远距离输沙,是常规输沙距离的5倍;有效解决了大规模放淤施工与河道输沙能力不足的突出矛盾。有了这种技术,济南黄河减少河道淤积1300万立方米,施工成本降低近50%,节约耕地2.6万亩,近3万农民的口粮田得以保全。

长堤蜿蜒,杨柳依依,花木醇香。济南标准化堤防建设从单纯的防洪向防洪、交通、景观等多功能拓展,使工程建成后成为济南市北部的绿色长廊。以标准化堤防为依托的济南百里黄河风景区被命名为"国家级水利风景区",千亩银杏林被命名为"全国银杏标准化示范基地"。这在水利工程建设史上是一个突破。

2008年9月4日,正值金秋时节,自信的济南黄河标准化堤防迎来了以电力专家李鹏庆为组长的中国建设工程鲁班奖复查组。

先进的设计理念、严格的建设管理、充满挑战的技术创新、精益求精的施工质量感动了这些经验丰富而且十分挑剔的评选专家。

评选专家组组长李鹏庆感慨地说:"没有想到水利工程建设得这么漂亮,让人赏心悦目;标准化堤防作为样板工程,标志着水利工程建设达到一个新阶段。"

专家认为:山东济南黄河标准化堤防工程的建设,有效缓解了济南黄河"地上悬河"对两岸安全的严重威胁,集"防洪保障线、抢险交通线、生态景观线"于一体,起到了标准化堤防建设的示范作用,是水利工程建设与生态建设相结合的典范。

大河奔涌,岁月燃情。

继 2007 年济南、开封黄河标准化堤防工程首获中国水利工程优质奖后,2008 年 8 月,郑州黄河标准化堤防工程和东平湖综合治理工程再次荣获大禹奖。

2008 年 10 月,山东济阳、惠民、齐河和河南武陟、原阳、惠金河务局顺利通过国家一级水管单位复核验收;范县、利津河务局成为国家一级水管单位的新秀。

俄罗斯女子撑杆跳高名将伊辛巴耶娃第 24 次打破世界纪录后说:"只有天空是我的极限!"

在黄河这条充满挑战、魅力无穷的竞技长河里,黄河是黄河人的追求极限。

2005 年,黄河南岸一期标准化堤防建设全面完成。热情满怀的黄河人正向着黄河二期标准化堤防勾画的蓝图挺进。充满生机与活力、传递激情与梦想的黄河标准化堤防,必将在黄河人的豪气干云中,成为抵御洪水的坚强防线。

二

2008 年 7 月,《黄河流域防洪规划》得以批复,这是新中国成立以来国务院第一次批复黄河流域防洪专业规划。

《黄河流域防洪规划》吸纳了"维持黄河健康生命"的治河新理念,肯定了"控制洪水、利用洪水、塑造洪水"的洪水管理新思路,确立了建设完善的水沙调控体系和"稳定主槽、调水调沙、宽河固堤、政策补偿"的下游河道治理方略。

《黄河流域防洪规划》的批复,标志着诞生于新世纪的"1493"治河体系跃升到法规层面。

字幕:2008年7月1日10时3分,黄河花园口水文断面通过4610立方米每秒的流量。

这是"96·8"洪水之后12年以来,黄河下游通过的最大洪水过程。黄河第八次调水调沙,万家寨、三门峡、小浪底三座水库携手发力,辅以下游"驼峰"河段人工扰沙,小浪底以下900公里河道各个断面均通过了4000立方米每秒流量。

此次调水调沙还首次实施了生态调度,1350万立方米的黄河水踏着绿色,涌入黄河三角洲自然保护区的广袤湿地。

自2002年以来,黄河连续7年进行了8次调水调沙,共将5.4亿吨泥沙输送入海,下游河道全线冲刷。黄河下游河道主河槽过洪能力由2001年的不足1800立方米每秒提高至3810立方米每秒。著名泥沙专家、中国工程院韩其为院士感慨地说:在900公里的河道上,通过调水调沙使河槽最小过洪能力加大2000立方米每秒,这在世界治河史上绝无仅有!

2008年12月11日,被誉为中国最有影响力的媒体之一的《南方周末》评出了中国改革开放30年最有影响的十大科技成果。黄河调水调沙与神舟飞船、杂交水稻、乙肝疫苗、曙光系列计算机、五笔输入法等一起位列其中。文章称:千百年来,中国人被动治黄,直到2002年。那一年,黄河进行了历史上首次调水调沙试验。调水调沙利用水库的调节库容,人为制造"洪水",把淤积在黄河河道和水库中的泥沙送入大海,改变黄河不平衡的水沙关系。

其实，早在 2004 年，调水调沙就引起了教育理论界的研究兴趣。上海复旦大学在招收中国历史自然地理研究方向博士研究生入学考试时，专门把黄河调水调沙列为考试题目之一。

2008 年，黄河调水调沙理论与实践作为科技创新成果，荣膺河南省科技进步一等奖。在评奖申报中，山东省人民政府、河南省人民政府分别在调水调沙运用成效证明上盖上了鲜红大印。这是黄河调水调沙社会效益被广泛认可的无声印证，也承载了两省沿黄人民受益调水调沙之后的由衷褒奖。

这是内蒙古自治区鄂尔多斯市达拉特电厂。它在项目扩建上马时，出资 1.2 亿元，帮助农民衬砌了 45 公里的灌溉渠道，从而"买"来了每年 2000 多万立方米的用水指标。这就是水权、水市场理论引领下的水权转换。

达拉特电厂是黄河水权转换的第一个试点项目。自 2003 年以来，黄河水利委员会先后审批宁蒙地区水权转换试点项目 26 个，完成水权转换水量 1.64 亿立方米，实现了农业节水支持工业，工业出资反哺农业的多赢。《黄河水权转换管理实施办法》、《黄河水权转换节水工程核验办法》等一系列规章制度先后出台，初步构建起由管理体系、技术体系和监测体系组成的黄河水权转换制度体系。

2008 年，黄河已连续 9 年没有断流，也正是在这样的基础上，黄河功能性不断流研究与生态调度正式启动。下游功能性需水研究、生态补水调度研究、稀释调度研究等各种基础性工作在兼收并蓄中推进，利津断面功能性不断流的控制指标基本确定。

2008 年，远在河西走廊的黑河已是第六年将血液般珍贵的水资源注入尾闾东居延海，也是这一年，东居延海水面面积超过了 40 平方公里。

2008年5月下旬,黄河防汛抗旱总指挥部在一年一度的防汛检查中发现,山东泺口、孙口等5个黄河重点水文测验断面,被河道内违章栽种的林木遮挡,严重影响水文测验。与此同时,郑州黄河公路大桥,原阳河道内20多个违章广告牌,极大地阻碍了花园口水文测验吊船的运行,威胁着人员安全。大汛在即,确保水文断面的测验和安全刻不容缓。黄河防汛抗旱总指挥部迅速向河南、山东两省防汛抗旱指挥部下发了清除影响水文测验违章广告牌和片林的指令。河南、山东两省防汛抗旱指挥部迅即作出安排,按照黄河防汛抗旱总指挥部的指令,彻底清除违章广告牌和片林。影响水文监测的26500多棵违章树木和20多个大型违章广告牌黯然倒下。艰辛的清障催生了水文断面保护长效机制的建立,依据《中华人民共和国水文条例》,黄河水利委员会水文部门及时在测验断面、保护区边界布设界桩,筑起了一道道不可逾越的"红线"。

7月的黄河波澜不惊,枕戈待汛。然而,"一夜之间"冒出的"淘铁砂热"却让人措手不及。河南、山东、山西、陕西河道船只数量急速攀升至1700多艘。这些大小不等的船只在河道内滥采乱挖,破坏了河道形态,严重危害堤防安全,加剧了黄河水体污染。面对遭受戕害的母亲河,黄河卫士以法为盾,果敢亮剑,禁采工作全线告捷。作为流域使者,成功调处了陕甘泾河长庆桥河段省际水事纠纷。

面对黄河宁蒙河段遭遇40年来最严重凌汛,黄河防汛抗旱总指挥部先后多次深入防凌一线,全面指导,科学调度,有效应对了严峻凌情,实现了"零伤亡"。伏秋大汛期间,黄河水利委员会领导带头值班,24小时坚守岗位。在黄河粗泥沙集中来源区拦沙工程一期项目立项的关键期,200多人的科研团队,正不舍昼夜,协力攻关。

江河不歇,岁月催征。2008年,黄河人在维持黄河健康生命的征程上奋进。大禹水利科学技术一等奖的荣誉，是治黄科技进步集腋成裘的时代产物，也是黄河人集体智慧和努力付出的结晶。

三

这是一块没有"奖"字的奖牌，也是黄河走向世界的标志。

亚太地区水利信息化及流域管理中心，我们称之为黄河知识中心。它是继北京国际泥沙中心、杭州小水电中心之后，国内第三个涉水的国际性组织。

作为亚太地区依托流域机构成立的唯一的知识中心，黄河知识中心将以亚太地区为依托，结合不同水专业领域和学科，对外宣传中国水利建设与管理经验、推广水利科技成果，以及非劳务性技术、知识的输出，还可以为亚太地区有关国家和组织提供科研合作、工程咨询、人员培训等多种形式的技术咨询和服务。

亚太地区知识中心的设立有着严格的标准和提名审核程序，必须在一个或数个水专业领域和学科有突出贡献。近年来，黄河水利委员会结合黄河实际，利用各种新理论、新技术，开展了许多大胆探索和有益实践，特别是在治河理念、流域管理、水利信息化方面取得了许多让世人注目的成绩。

作为亚太地区知识中心主要出资方和发起单位，亚洲开发银行曾用了 5 年的时间持续跟踪了解黄河，希望将黄河治理与管理的成功经验和技术推广到亚太地区。经过多轮的严格审查，黄河知识中心顺利通过，成为亚洲和太平洋地区第一批 12 个分中心之一。

亚洲开发银行代表、首席水资源专家沃特先生预言，亚太地区水利信息化及流域管理知识中心将为解决亚太地区存在的各种水问题提供强有力的技术支撑。

与此同时，黄河也积极打开大门，与世界交流。从多批次外派留学人员,到与国外的项目技术合作;从两年一度的黄河国际论坛,到引来国际性组织,黄河与世界交流的深度和广度前所未有。

联合国教科文组织水教育学院已确定将"数字黄河"设置为学院的水信息化实习基地,这是水教育学院第一个设置在发展中国家的实习基地。

湄公河流域的专家,乌兹别克斯坦以及印度尼西亚等国家或国际组织纷纷提出与黄河水利委员会加强合作与交流的愿望。

截至目前,黄河水利委员会已与30多个国家、地区政府有关机构和国际组织建立了合作关系和交流联络。依托现代化管理的探索和国际交流合作,黄河正向世界展示着夺目的光彩。

四

同期声:(新闻联播)8日上午,中共中央、国务院、中央军委在人民大会堂隆重举行全国抗震救灾总结表彰大会。中共中央总书记、国家主席、中央军委主席胡锦涛在会上发表重要讲话。

这次表彰的319个全国抗震救灾英雄集体中,水利部黄河水利委员会抗震救灾工程抢险队作为全国水利系统唯一的先进集体,代表全国160万水利职工从党和国家领导人手中,接过了这块意义非同寻常的奖牌。

2008年5月12日14时28分,满目疮痍的汶川,成为世界的焦点;天塌地陷的灾痛,同样痛在每一个黄河人的心中。

字幕:

5月18日18时30分,黄河防汛抗旱总指挥部第三机动抢险队启程

5月18日18时,黄河防汛抗旱总指挥部第四机动抢险队启程

5月19日9时,黄河防汛抗旱总指挥部第五机动抢险队启程

5月18日16时,黄河防汛抗旱总指挥部第一机动抢险队抵达四川,是首支入川的水利工程抗震救灾机动抢险队。

在这场空前的国家应急大救援中,黄河水利委员会举全河之力,从人力、物力、资金等多方面支援四川、甘肃、陕西灾区,共向灾区派出24个工作组近800人,投入大型设备200多台(套),投入抗震救灾资金1800多万元,职工捐款1340余万元。这成为黄河水利委员会历史上规模最大、人数最多、集结速度最快、捐款数量最多的一次流域外抢险救援行动。

各参战队伍日夜奋战在抗震救灾抢险一线,冒着余震、疫情、泥石流、山体滑坡等诸多危险;克服蚊虫叮咬、酷暑暴雨、缺水断电等困难,深入灾区一线,科学研究方案,充分发挥专业机动抢险队伍的优势,实施了一项又一项水利工程应急抢险,圆满完成了抗震救灾抢险的光荣任务,用自己的铿锵行动诠释着黄河人的社会责任和无私大爱。

拯救生命,我们看到了一个国家的不屈和凛然;不负众托,不辱使命,我们感受了作为水利抗震救灾中坚的黄河铁军知难而进、敢打硬仗的铮铮铁骨。

6月25日,水利部部长陈雷在黄河水利委员会《关于"5·12"地震对口支援甘肃、陕西省抗震救灾工作情况的报告》上作出重要批示,对黄河水利委员会在抗震救灾中的全力支援和无私奉献表示深深的感谢和敬意。

"抗震救灾铸丰碑,危难之时见真情"、"心系灾区人民,情洒三秦大地"、"情系灾区人民,爱撒陕西略阳",一面面锦旗,一封封感谢信,黄河人用无私奉献换回了灾区百姓发自肺腑的心声。

"全国抗震救灾英雄集体——水利部黄河水利委员会抗震

救灾工程抢险队",由中共中央、国务院、中央军委共同命名,这是党和国家对四万黄河儿女的最高褒奖。

五

同期声:(水利部　部长　陈雷)黄河水利委员会高举中国特色社会主义伟大旗帜,以邓小平理论和"三个代表"重要思想为指导,深入贯彻落实科学发展观,积极践行可持续发展治水思路,勇于探索,锐意进取,各项工作都取得了可喜成绩。

诞生于战争年代、走过60余年光辉历程的黄河水利委员会,长期以来以荣光与胜利凝结成为一种精神:黄河精神。

2008年,以创建全国文明单位为契机,让新时代的黄河精神再次成为"维持黄河健康生命"征程上催人奋进的号角。

全河上下精神文明创建的过程,也是黄河人树立全面、协调、可持续发展观的变革之路。

按照中央和水利部的统一部署,黄河水利委员会通过深入学习实践科学发展观活动,围绕治黄重大课题,开展了大规模调研活动,进一步明确了方向,理清了思路,落实了措施。黄河水利委员会上至机关部门,下至基层班组,学习实践科学发展观活动正在向纵深发展。

发轫于2003年的全河创新活动,如同遍洒原野的甘霖,催生着大河上下的一棵棵春笋。2008年7月,全河创新工作会议全面总结五年来的创新历程,141项典型创新成果逐一展示,1000余名职工代表交流观摩。烈日下,热情和气温一并高涨,置身于这样的环境,你无法不被这鼓励创新、勇于实践的浓烈氛围所感染。

来自孟津黄河河务局的初级工王占国怎么也没有想到,自己由于研制挖掘装置获得黄河水利委员会创新成果一等奖,获得破格晋级。而这一破格就由原本需要13年的时间缩短到了

2年。

"你有多大的才能,黄河水利委员会就会给你提供多大的舞台!"黄河水利委员会党组书记、主任李国英代表党组向黄河职工做出庄严承诺。《黄河水利委员会激励技能人才创新工作的暂行规定》、《黄河水利委员会进一步推进创新工作的指导意见》的相继颁布,代表着黄河水利委员会党组激发黄河人创新思维的坚定态度。

2008年,黄河水利委员会被正式列入国家高技能人才培养示范基地,大河上人才战略、人才培养体系和队伍建设步入全国先进行列。

2008年,以廉政文化、标本兼治、教惩结合的黄河特色惩防体系建设日渐明晰,《黄河水利委员会惩治和预防腐败体系2008~2012年工作规划》正式出台。

2008年年末,由黄河水利委员会编著的《人民治理黄河六十年》一书荣获中华优秀出版物奖,这是继《黄河防洪志》获"五个一工程奖"、《维持黄河健康生命》获"首届中国出版政府奖"之后,黄河水利委员会在国家出版界三大奖项中获得的又一殊荣。

2008年是黄河上奋进的一年,也是黄河上温馨的一年。

这一年,黄河老年大学正式开学。一位位老黄河走进老有所为的幸福之家。这是黄河老年大学书画专业毕业生的作品,这是黄河水利委员会老年合唱团在全国第十届"永远的辉煌"老年合唱节比赛中捧回的奖杯。

新的职工住宅小区、黄河博物馆、黄河中心医院门诊大楼矗立眼前。大病救助全面拓展,经济工作持续发展,职工生活水平逐步提高。2008年4月,中华全国总工会授予黄河工会黄河水利委员会机关委员会"模范职工之家",为黄河水利委员会精神文明花园增添了一朵奇葩。

正是有了黄河精神的一次次闪光与注解,一次次丰富与震撼,黄河水利委员会机关在获得全国精神文明工作建设先进单位之后,即将摘取全国文明单位殿堂塔尖上的璀璨明珠。

尾　声

一项项荣誉,记录着我们曾经的跋涉。

一份份忠诚,融入黄河奔腾的洪流。

2008年,黄河人拥有了一份新的珍贵记忆。

这荣誉,这记忆,将化作永恒的经典,成为治黄新征程的交响,载着昨天的厚重,奔向明天的追求和向往。

统筹:郑胜利 乔增淼

撰稿:刘自国 王红育 项晓光 徐清华

摄像:李亚强 叶向东 陶小军 吕应征等

编辑:邢敏 张悦 李臻

文字整理:张琳

2009年1月全河工作会议播出

当国庆60周年盛典的礼花溢满天穹,这一刻,足以激越中国960万平方公里的土地。

目睹一个甲子沧海桑田的巨变,凝望着共和国这座巍峨大厦,承载着数千年民族情感与希望的黄河,直挂云帆,乘风破浪,开始了新的进发。

扬帆——黄河2009

一

同期声:(新闻联播)截至8月12日黄河入海流量为413立方米每秒,黄河自1999年8月11日最后一次断流以来已连续十年不断流。

2009年,在国家授权和沿黄省区的合力下,在黄河人的精心守护中,黄河从孱弱走向复苏,实现了连续10年不断流。

新世纪元年,曾经累计断流21年、令举国上下为之震惊的黄河,第一次全年全程过流。

此后的10年间,无论是上游来水偏枯殆尽,还是遭遇全流域罕见大旱,黄河河道内的生命之水,再也没有呈现出令人战栗的干涸。

黄河10年不断流,以仅占全国2%的河川径流量支撑了占全国11.5%的GDP。

10年来,河道的生命基流逐年增加,200多平方公里的河口湿地被远道而来的黄河水滋润修复,濒临崩溃的生态系统生机再现。

黄河10年不断流,在经济、社会、生态巨大效益的背后,是沿黄地区对水资源观念的改变,是资源节约型、环境友好型社会建设的推进,是人们对维持河流健康生命责任的认知。

然而,此前的 1972 年到 1999 年,黄河断流了 20 多年,最严重时,黄河全年三分之二的时间无水入海。要在短时间内扭转黄河断流的局面,缓解由来已久的水资源危机,保证黄河不分时段、不分地段的全天候不断流,首当其责的黄河水利委员会,面临着来自现实、形势、时间、体制等多重压力。

要像确保黄河下游堤防不决口一样,确保黄河不断流! 这是黄河人做出的庄严承诺!

1999 年,经国家授权,黄河水利委员会对黄河水资源实施统一管理和水量统一调度。

10 年调水路,从此起步。

在水利部的支持领导下,黄河水利委员会建立健全组织管理体系和工作机制,实行了以省界断面流量控制为主要内容的行政首长负责制。按时发布年、月、旬水量调度方案。加强监督检查,确保令行禁止。同时,充分利用黄河干流上的龙羊峡、刘家峡、万家寨、三门峡、小浪底水库,调节水资源时空分布。

天公似乎在有意考验着黄河人的意志,从实施水量统一调度后,黄河流域持续干旱少雨,主要产水区来水严重偏枯。在水资源供需矛盾的日益激化中,从中游的头道拐、龙门、潼关,直至下游的利津,多次跌破预警流量。黄河人为此殚精竭虑,一次次启动应急调度处置方案,一次次小心翼翼地呵护着有限的黄河水东流入海。

当人们看到,灵动的河水经过干涸的土地,挟带着黄土高原泥土的河水与蔚蓝的大海相溶之时,统一调度起步的艰辛和压力,怎能不被黄河人激动的泪水所替代?

从起初的艰难探索中,黄河水利委员会已经认识到,要想黄河从此不再断流,在行政法律的强制力之外,必须有更多的经济措施予以调节,必须有更先进的技术措施予以跟进。

于是，"订单供水、退单收费"、"两水分离、两费分计"等一系列水价杠杆机制陆续推行。

水权转换在宁夏、内蒙古相继展开。

模拟径流演进、远程实时监控的数字水调，使庞大而复杂的黄河水量统一调度实现了技术上的跃升。

黄河水调的责任应予明确，黄河水调的经验应予提升。国务院正式颁布的《黄河水量调度条例》，不仅是我国首次从国家层面针对一条河流而颁发的水调条例，而且黄河水调从此有了更加有力和具体的法规保障。

在成功实现黄河不断流十年的后期，黄河水利委员会又提出了把水资源管理与调度的重点转向实现黄河功能性不断流的新目标，将黄河水量调度的功能目标定位在经济用水、输沙用水、生态用水、稀释用水四个方面。

黄河，这条中国北方最重要的万里巨川，又将在新的复兴之路上迎着生态文明的曙光继续前行。

二

这是2000年的东居延海，干涸死亡的河床，满地的石砾，茫茫的荒沙，枯死的胡杨林，满目"大风起兮尘飞扬"的昏黄。

这是2009年的东居延海，波光摇曳的辽阔水域，随风起舞的芦苇，铺染着热情的柽柳。众鸟云集，翩飞戏水。

同期声：（新闻联播）我国第二大内陆河黑河水量统一调度第十个调度年今天正式结束，累计100亿立方米的黑河水进入内蒙古，使内蒙古发生扬沙和沙尘暴天气的次数大幅度减少。

2009年11月10日，黑河水量统一调度实施的第10年——2008至2009调度年结束。10年来，正义峡累计下泄水量超过100亿立方米，与调度前10年相比，多下泄21.37亿立方米。

大漠深处的居延海,像一盏执着的明灯,点亮了人们对黑河下游生态重建的希望。

2000 年 7 月,经水利部和黄河水利委员会授权,一批经历黄河水调磨砺的黄河人毅然转战黑河,以一个流域机构的责任和尊严扛起黑河水量调度的大旗。

不辱使命的调水人员首创"全线闭口、集中下泄"的调度模式,顶烈日、穿戈壁、越沙漠,夜以继日,顶住来自各方的压力,积极协调、耐心说服、夜间巡查、现场督察,以每年行车 30 多万公里的坚毅步伐,坚定地护卫着弥足珍贵的黑河水畅流勇进。

2000 年 10 月 3 日,久违的黑河水穿过 500 多公里的茫茫戈壁,到达了额济纳旗政府所在地达来库布镇。饱受干旱之苦的额济纳绿洲若天降雨露,地涌甘泉,蒙古族同胞喜不自禁,载歌载舞。

字幕:

2002 年 7 月 17 日和 9 月 22 日,黑河水两次拥抱干涸 10 年之久的东居延海。

2003 年,黑河如期完成国务院分水指标,黑河干流全线贯通行水。

2004 年,两次调水进入东居延海,形成水面 35.8 平方公里,为 1958 年以来最大水面。

2005 年,黑河首次实现自 1992 年以来东居延海全年不干涸。

2009 年,东居延海自 2004 年 8 月以来连续 5 年未干涸,水域面积达 45 平方公里。

传说神鸟凤凰满 500 岁后,集香木自焚,复从死灰中更生,从此美丽异常。

今天,水调工作者和流域各方用坚强毅力和聪明智慧共同演绎了东居延海涅磐重生的当代传奇。

10 年水量调度,实现了黑河流域生态恢复和经济社会发展的双赢。上游生态修复工程效果逐步显现,水源涵养能力日渐提高。在中游,黑河中近期治理和黑河干流水量统一调度催生了张掖地区节水型社会建设,并成为我国第一个全国节水型社会建设试点。

黑河下游生态持续恶化的趋势得到初步遏制,居延绿洲步入新的生命之旅。19 条支流总长 1100 多公里河道得到浸润,两岸约 30 万亩濒临枯死的胡杨、柽柳得到抢救性保护,胡杨林面积增加了 5 万亩;林草植被种类增多,植被覆盖率较 2000 年提高了 18%;地下水位明显上升,鸟类、鱼类开始在这里栖息,生态环境已恢复到上世纪 80 年代水平。

三

同期声:(晚间新闻)华北、西北、黄淮等地出现了 20 年一遇的罕见旱情,农作物和畜牧业受到了严重的影响。在华北、黄淮等地连续 100 多天没有有效降水,降水量比常年同期偏少四到七成……)

2009 年春季,一场新中国成立以来罕见的大旱突袭我国北方地区。

全国近 43% 的小麦产区受旱,370 万人饮水吃紧。旱魃所到之处,秧苗枯死,土地龟裂,人畜干渴。

黄河流域是此次干旱的重灾区。干旱持续时间之长、受旱范围之广、受旱程度之重为历史少见。

小麦产量占全国四分之一,素有"天下粮仓"的河南省是重度干旱地区。近 8000 万亩小麦中有近 5000 万亩受旱,50 万亩出现麦苗枯死现象。

在山东,农田受旱面积超过 3000 万亩,占小麦播种面积的 60% 以上,其中重旱 1000 多万亩。

山西、陕西、甘肃也处处喊渴。

同期声:(东方卫视)中央气象台发布最新数据显示,北京、天津、河南、河北、山西、安徽、陕西等地区遭遇严重干旱。据有关人士介绍,今年夏粮减产已基本成为定局。

一场大旱,牵动着全国人民的心,更让中南海的决策者牵挂。胡锦涛总书记对抗旱工作作出重要批示,要求加大对北方旱情严重地区抗旱工作的支持力度,克服困难,争取夏粮有个好收成。国务院总理温家宝亲赴中原,实地了解当地旱情。

一场危机,一次挑战! 黄河防汛抗旱总指挥部紧急应变、迅速行动。一场"抗大旱、夺丰收"的"保卫战"迅速打响。

字幕:

1 月 11 日,黄河防汛抗旱总指挥部发布黄色干旱预警,启动Ⅲ级响应。

1 月 11 日,小浪底水库下泄流量增加至 500 立方米每秒。

2 月 6 日,黄河防汛抗旱总指挥部发布红色干旱预警,启动Ⅰ级响应。

2 月 6 日,小浪底水库下泄流量增加至 700 立方米每秒。

2 月 16 日,小浪底水库下泄流量增加至 1000 立方米每秒。

500、700、1000,你可不要小瞧了这小幅度流量的增加。由于黄河下游正处于凌汛期,山东济南以下河段尚未融通,若小浪底水库下泄流量在达到封冻河段之前没有按设计要求引走,极易造成凌汛灾害。

为此,黄河防汛抗旱总指挥部启动了小浪底以下河段枯水调度模型,跟踪演算黄河下游需水情况,实行 5 日订单供水,每天滚动批复,动态调整水库泄流,强化实时调度和精细调度。

字幕:从 1 月 6 日发布黄河干旱预警至 2 月 9 日,小浪底水库下泄水量 17.73 亿立方米,下游抗旱引水 6.51 亿立方米,创 1999 年以来同期最大。

然而,受旱情影响,截至 2 月初,黄河龙羊峡、刘家峡、万家寨、三门峡、小浪底五大水库总调节水量仅为 145 亿立方米,较 2008 年同期少 36 亿立方米;小浪底水库可调节水量仅有 17 亿立方米,为 2004 年以来同期最小。

与此同时,因山东省抗旱用水不断增加,2 月 8 日 8 时,利津断面流量降至 80 立方米每秒以下,且仍呈急剧下降趋势,断流警报已经拉响。

在分析了抗旱形势的每一寸蔓延脚步后,黄河防汛抗旱总指挥部综合气象、墒情、凌情、旱情等因素,决定实施黄河大空间尺度水库群协同作战,接力调水。

万家寨水库加大泄量,满足小北干流陕西、山西灌溉引水要求,同时为小浪底水库补充水源;小浪底水库连续加大流量,满足河南、山东沿黄灌区抗旱要求;东平湖水库首次加盟抗旱"会战",确保黄河利津以下入海不断流。在黄河防汛抗旱总指挥部竭尽全力的科学调度下,黄河实现了准确的梯级补水接力。

自 1 月 6 日发布干旱预警至 3 月 10 日,小浪底水库下泄水量 35.3 亿立方米,净补水 7.4 亿立方米。陕西、山西、河南、山东四省引黄河干流抗旱浇灌水量 23.5 亿立方米,灌溉面积 3708 万亩。

黄河母亲用她并不丰裕的乳汁,终于保住了"中国粮仓"。

同期声:(新闻联播)粮食总产连续 9 年位居全国第一的河南省,今年粮食总产量将达到 1078 亿斤,比上年增产 5 亿斤,再创历史新高。这是河南粮食产量连续第四年超千亿斤。

大旱之年,历史有过;大旱之年,小麦产量却刷新纪录,公元 2009 年是河南历史上的第一次,也是中国历史上的第一次。

四

受极端天气影响,2008～2009年度,内蒙古河段三湖河口最高封河水位1020.98米,较多年同期均值偏高1.28米。堤防最大偎水长度达500余公里,较常年多100多公里;槽蓄水增量约17亿立方米,较多年均值偏多48%,其中,三湖河口至头道拐河段槽蓄水增量达12.5亿立方米,为历史同期最大值。

最大限度地控制凌情的发展,将凌灾造成的损失降到最低,成为岁末年初黄河防汛抗旱总指挥部压倒一切的任务。

综合考虑气象、水情、冰情、供水安全等因素,黄河防汛抗旱总指挥部适时采取"上控、中分、下泄"的防凌措施,牢牢掌握防凌的主动权。

字幕:"上控",即压减刘家峡水库的下泄流量。

2月12日,黄河防汛抗旱总指挥部将刘家峡水库下泄流量由原来的450立方米每秒压减至300立方米每秒。3月14日,在综合考虑上游兰州城市引水安全以及支流来水情况的基础上,又将下泄流量压减至280立方米每秒,以尽可能减小内蒙古封冰河段的后续水源压力。

字幕:"中分",即通过内蒙古三盛公水利枢纽和杭锦淖尔蓄滞洪区进行分凌。

2月22日,黄河防汛抗旱总指挥部及时批准三盛公水利枢纽开闸分凌,分水最大流量100立方米每秒,分水量达1.59亿立方米,有效地为内蒙古河段槽蓄水量"瘦身"。

字幕:"下泄",即逐步降低万家寨水库运用水位。

2月12日,黄河防汛抗旱总指挥部下发指令,要求逐步降低万家寨水库运用水位,为即将到来的冰凌洪水提供有利的下泄通道,确保不对内蒙古河段下泄水量造成壅堵。通过科学调度,万家寨水库水位比稳封期降低了12米。

这是黄河防汛抗旱总指挥部河道清障督察现场,同时也是黄河防汛抗旱总指挥部第二次派遣督察组对该河段清障工作进行督察。

这是挺立在冰峰上的黄河水文"侦察兵"。

这是黄河防汛抗旱总指挥部首次运用的集数据采集、传输、应用于一体的无人机凌情遥感监测系统。

这是黄河防汛抗旱总指挥部办公室前线工作组。

卫星遥感、航空监测、地面巡测及断面水文监测构筑成水、陆、空三位一体凌情监控体系。

字幕:

2月11日8时,黄河宁夏段全线平稳开通。

2月23日10时,黄河内蒙古乌海段顺利开河。

而此时,黄河内蒙古河段尚有600多公里没有开河,主流处冰面在破碎挤压,滩冰涌动,流凌密度加大。

根据开河特征和水情,黄河防汛抗旱总指挥部宣布,从3月17日起,黄河内蒙古河段进入开河关键期。

这是开河的最后决战期,也是最危险时期。

3月18日20时,黄河内蒙古三湖河口水文监测断面下游发生冰塞,堆冰长度约1000米。

3月19日1时,三湖河口水文监测断面附近生产堤漫顶,三湖河口水文站水位上涨至1020.95米,为本年度封开河最高水位。

经过紧急会商,黄河防汛抗旱总指挥部紧急启用杭锦淖尔分洪区分凌,以减轻黄河杭锦旗下游河段防凌压力,同时实施破冰保堤。

在密集炮弹的痛击下,曾经顽固的堆冰魂飞魄散。

3月22日10时,黄河内蒙古720公里封冻河段全部平稳开通。

五

2009 年 12 月 26 日,历时三年的黄河流域综合规划修编成果在北京通过专家预审。中国科学院、中国工程院院士潘家铮这样评价:黄河流域综合规划既考虑了实际情况,也考虑到远期的一些要求,很全面,编得很好!

2007 年 1 月 5 日,国务院召开专门会议,全面启动新一轮流域综合规划修编工作,这是继 1955 年全国人大通过《黄河综合利用规划技术经济报告》,1997 年国家计委、水利部审查通过《黄河治理开发规划纲要》,2002 年国务院批复《黄河近期重点治理开发规划》之后,面向新形势、新发展启动的又一轮流域综合规划修编工作。

自 2007 年开始,在三年时间里,黄河水利委员会成立了由黄河水利委员会和流域(片)各省、区水利厅(局)主管领导组成的领导小组,还成立了规划修编综合组和 5 个专业组,中国科学院、中国工程院部分院士及国内有关专家应邀参加专家组,负责规划修编工作的咨询和技术指导,黄河水利委员会科技委的治黄老专家更是全程关注把脉问诊。黄河水利委员会主任办公会和专题办公会先后 20 多次研究讨论,确定主要技术方案,编制人员更是夜以继日,精益求精。

黄河水少、沙多、水沙关系不协调,这是黄河最核心的问题。流域综合规划修编牢牢抓住这一根本,作为立足点,结合水沙时空分布情况、主要产水区和主要产沙区条件变化及汛期、非汛期水沙关系变化,对未来黄河水沙关系的发展趋势做出基本判断。

同时,基于日益紧张的水资源供需矛盾,深入分析了黄河流域产水、供水和需水情况,超前提出规划意见和措施。

对黄河治理的宝贵经验被纳入其中。

对黄河水沙运动规律的新认识被纳入其中。

对黄河治理开发与管理的新探索、新成果被纳入其中。

黄河水沙调控体系及其运行机制成为规划的核心组成部分。工程布局上,在黄河干流龙羊峡、刘家峡、大柳树、碛口、古贤、三门峡、小浪底等七大骨干工程的基础上,增加了海勃湾和万家寨水库,在支流上增加河口村、故县、陆浑和东庄水库。水沙调控体系运行机制方面,明确了上游子体系、中下游子体系以及两个子体系的科学衔接。

黑山峡河段开发方案的论证,下游河道"宽河"、"窄河"的论证,南水北调西线调水问题等,一系列焦点和难点问题,在规划中都进行了专门的论证。内蒙古河段防凌、十大孔兑泥沙治理、引江济渭入黄、下游滩区安全建设、东平湖与南水北调东线的关系、河口流路问题以及流域管理体制和能力问题等,都结合经济社会发展新形势,做出了专门的安排。

黄河流域综合规划,将在下一个扬帆起航的征程中成为呵护母亲河健康生命的有力保障。

六

2007 年 11 月,在温家宝总理出席的第三届东亚峰会上,黄河国际论坛被写入《气候变化、能源和环境新加坡宣言》,成为亚太三个主要水事交流平台之一,这标志着黄河国际论坛这一品牌得到国际上官方认可。

字幕:2009 年 10 月 20~23 日,中国郑州,第四届黄河国际论坛会场。

61 个国家和地区、近百个国际组织机构的 1500 多名代表云集黄河之滨,在这里围绕"生态文明与河流伦理"展开交流对话与合作。

2003年,古老的黄河首次张开她热情的臂膀,迎接来自五大洲的河流宾朋。从那时起,黄河国际论坛注定成为世界河流精英聚首、交流、合作的平台。正如美国田纳西流域管理局前主席科洛威尔先生的评价:一流的组织,一流的规模,一流的专家,一流的服务,超一流的反响。

四届黄河国际论坛共吸引了80多个国家和地区,51个境外主要政府机构,35个国际组织,100个境外高校科研院所及其他相关机构,3600多位国内外水利官员和专家学者,在这一平台进行广泛交流与合作。

加入全球水伙伴,成为流域组织国际网络成员,成立亚太知识中心,编入联合国教科文组织国际水教育学院教学案例,论坛出版的科技文献被世界著名的三大检索系统全文收录。黄河国际论坛,使得国际学术交流平台更加宽阔。

从"21世纪流域现代化管理"到"维持河流健康生命",从"流域水资源可持续利用与河流三角洲生态系统的良性维持"到"生态文明与河流伦理",黄河国际论坛已成为河流思想交流的盛宴。

同期声:(水利部　部长　陈雷)第四届黄河国际论坛在黄河之滨的郑州市隆重召开了,来自国内外的1500多位嘉宾和代表汇聚一堂,围绕"生态文明与河流伦理"这一主题,共同研究探讨河流开发与保护、流域生态构建、水资源可持续利用等重大问题。这是一次跨越地域、学科和专业的大会,也是一次凝聚智慧、力量和行动的盛会。

七

同期声:(新闻联播)10月20日,中国保护黄河基金会正式成立,这是中国水利行业第一个全国性的公募基金会。基金会旨在促进黄河治理和管理公共事业发展,唤起炎黄子孙更多地关爱中华民族的母亲河,组织国际社会及国内社会各界参与母亲河的保护行动,维持母亲河的健康生命。

中国保护黄河基金会是水利系统第一个也是迄今为止唯一的一个由国务院批准的全国性公募基金会。它与中国红十字基金会、中国宋庆龄基金会、中华环境保护基金会、中华慈善总会、中国科学技术发展基金会、中国医学基金会等知名的品牌基金会同列。

自 1981 年第一个全国性的公募基金会——中国少年儿童基金会建立以来,近 30 年的时间里,我国全国性的公募基金会也不过 100 个左右。2007 年以来,新批准的全国性的公募基金会仅有两家,中国保护黄河基金会就是其中之一。

为了唤起炎黄子孙更多地关爱中华民族的母亲河,组织国际社会及国内社会各界参与母亲河的保护行动,2007 年,黄河水利委员会决定作为主要发起人启动申报保护黄河基金会。

近年来,国家对基金会立项持谨慎态度。2004 年,《基金会管理条例》颁布,进一步严格规范了面向公众募捐的公募基金会的申请、审查程序和标准,采取登记管理机关和业务主管单位双重管理的体制,提高了设立基金会的资金"门槛"。

申报中国保护黄河基金会,首先是基金会的原始资金不低于 800 万人民币,且为到账货币资金,同时,要先报请水利部初审,并请水利部同意作为业务主管单位,然后才能到民政部登记审查,最后报请国务院批准。

三年来,黄河水利委员会上下做了大量的申报、沟通工作,筹备过程中得到了水利部、有关地方政府、水利系统兄弟单位、海外华人等各界的大力支持,大大推进了筹备的进程。

字幕:

中国保护黄河基金会资助保护黄河研究的相关项目包括:

组织和资助母亲河保护的宣传、行动等活动;奖励为保护河流健康生命作出显著贡献者;资助黄河国际论坛等国际研讨会,开展科学技术及应用等相关学术讨论,促进国际交流与合作;资助和开展人才培养及相关的项目。

中国保护黄河基金会的设立,将发挥非政府组织的优势,大力宣传保护母亲河,唤醒大众保护环境及人与河流和谐相处的意识,营造可持续发展的良好局面。同时,基金会为集中世界各领域专家的智力,为黄河治理开发和管理献计献策提供了一个桥梁。

八

这是2008年8月黄河水政打击非法采砂执法现场。

在这场制止非法采淘铁砂的护卫行动中,黄河执法队伍受到了不法采砂主的肆意攻击,人员被打,车辆被掀翻,房屋门窗被破坏。

按照《中华人民共和国水法》第十二条第三款规定,作为水利部在黄河流域内的流域管理机构,黄河水利委员会代表水利部行使所在流域的水行政主管职责。

然而,近年来,黄河下游河道清障、黑砖窑治理、防洪工程建设环境维护、浮桥整顿等一场场攻坚克难的战役,无时无刻不在挑战法律的尊严,考验着黄河执法金盾的坚固与否。

护佑奔腾浩荡的大河,首先面临的就是执法难。震慑违法行为的有效方式就是强化黄河水利执法队伍。

3月20日,黄河水利委员会主任李国英带领有关部门负责同志前往河南省人民政府,与秦玉海副省长及公安厅负责同志进行座谈,就河南黄河水利公安队伍建设有关问题进行了深入探讨,并达成广泛共识。

6 月 18 日,河南省公安厅下发《关于筹建黄河沿线治安派出所的通知》,明确河南沿黄设置黄河治安派出所 21 个,所需警力和编制从当地公安机构调配。

8 月 12 日,黄河水利委员会主任李国英又带领有关部门负责同志前往山东省人民政府,与郭兆信副省长及公安厅、省编办负责同志进行座谈,就山东黄河水利公安队伍建设问题进行深入探讨,并赢得山东省人民政府的积极支持。

10 月 29 日,山东省机构编制委员会办公室、山东省公安厅、山东河务局联合发出《关于理顺黄河公安管理体制的通知》,确定山东沿黄 28 个县(市、区)公安局(分局)各设立 1 个治安派出所。

建设黄河水利公安队伍将为呵护母亲河健康体魄提供更加坚实有力的保障。

为协调解决跨省、自治区河段和边界河段权益纠纷,黄河水利委员会出台了《黄河流域省际水事纠纷预防调处预案(试行)》。2009 年,按照预防与调处并重,同步管理与超前管理相结合的原则,依法、科学、及时、主动地预防和调处黄河上中游地区等水事敏感区域水事纠纷 12 起,及时发现和化解了省际水事矛盾。协助地方政府重拳出击黄河下游滩区非法砖瓦窑厂,近 500 座砖瓦窑厂烟消魂灭。

九

黄河生命的健康需要体魄的强壮。2009 年,黄河下游标准化堤防建设强力推进。南岸标准化堤防基本贯通,北岸标准化堤防建成 260 余公里。黄河防洪工程管护力度日趋强化,工程管理水平日趋提升。郑州至开封河堤段"三点一线"建设取得了示范性的样板效应。

黄河调水调沙秉承着继续扩大黄河下游河道主河槽行洪能力的使命。下游河道3429万吨的泥沙冲刷量,3880立方米每秒的河道主槽最小过洪能力,为第九次调水调沙作了精彩注脚。

　　利用并优化桃汛洪水过程冲刷降低潼关高程试验继续进行,潼关高程下降0.13米。

　　黄河粗泥沙集中来源区拦沙工程一期项目立项工作扎实开展。古贤水利枢纽项目建设建议书顺利通过水利部审查。

　　黄河下游河道"驼峰"段形成机理及治理对策研究、黄河干支流功能性不断流指标研究等10个项目被列入2009年水利部公益性行业科研专项。"数字黄河"工程建设"三步走"发展战略正式确立。

十

　　2009年11月23日,黄河水利委员会机关"全国文明单位"挂牌仪式在郑州举行。

　　"全国文明单位",被誉为我国精神文明建设领域塔尖的明珠。

　　2009年,全河上下紧紧围绕黄河治理开发与管理事业,精神文明建设取得重大进展和显著成效。

　　截至目前,全河共有文明创建单位178个,其中全国文明单位1个,全国精神文明建设工作先进单位和全国文明行业创建先进单位窗口3个,省级文明单位72个,全国水利文明单位8个,各级文明单位创建率超过84%。

　　这一年,作为《黄河水利委员会惩治和预防腐败体系2008～2012年工作规划》的重大举措,《黄委干部廉政阀门机制暂行规定》正式推出,从而在机制上关口前移,节点控制,进一步加强了对全河干部队伍的教育和监督,促进各级领导干部健康成长,筑牢廉洁从政的思想长城。

这一年,《黄河水利委员会专业技术人员破格获取专业技术任职资格暂行规定》正式出台,它将"打破"职称评审论资排辈的做法,以业绩贡献和专业能力为核心评价标准,给优秀人才提供更加广阔的成长平台。

这一年,全河劳动模范表彰大会在郑州召开,来自全河的147名劳动模范及48个先进单位获得表彰。

这一年,黄河水利委员会5年集中联合审计全面完成,"黄河特色审计模式"初步建立。

这一年,黄河文化建设迈出了实质性的步伐,黄河水利委员会文化体育协会及其分支机构——黄河水利作家协会、黄河书法家协会宣告成立,文化的力量将会聚集起更多人加入到关注黄河、保护黄河的洪流中来。

这一年,黄河老年大学又迎来了更多的学员,培育出了更多的成果,老黄河们用自己的勤奋和真挚,向祖国60华诞献上了一份份饱含无限深情的生日贺礼。

同样是在这一年,治黄创新成果再次花开黄河两岸,大病救助机制一次次温馨大河上下,医疗基础设施改善,学术研讨氛围浓厚,思想文化跃动,职工生活逐步改善。

尾　声

当国庆庆典的绚烂定格为中华民族的共同记忆,黄河治理开发与管理事业站在了新的起点。

古老的黄河,青春的黄河,与走过60年风雨的新中国一起,欣欣然,蓬勃向前!

字幕:向辛勤工作在黄河治理开发与管理各个岗位上的黄河人致以崇高的敬意!

统筹:郑胜利 乔增淼
撰稿:刘自国 王红育 项晓光 徐清华
摄像:李亚强 叶向东 陶小军 吕应征等
编辑:邢敏 张悦 李臻 刘柳
2010 年 1 月全河工作会议播出

历史的长河,流淌着一代又一代黄河人憧憬的梦想;

时光的年轮,镌刻着一代又一代黄河人执着的追求。

这梦想在 2010 年闪烁出耀眼的光芒;

这追求在 2010 年凝聚成坚实的丰碑。

凝聚——黄河 2010

一

同期声:(新闻联播)中共中央、国务院今天上午在北京隆重举行国家科学技术奖励大会,党和国家领导人胡锦涛、温家宝、李长春、习近平、李克强出席大会并为获奖代表颁奖,温家宝代表党中央、国务院在大会上讲话,李克强主持大会。

2011 年 1 月 14 日,一年一度的国家科学技术奖励大会隆重召开。

黄河调水调沙理论与实践、地球空间双星探测计划、西气东输工程技术及应用、中国海洋油气勘探开发科技创新体系建设等 14 个项目,共同摘取了 2010 年国家科学技术进步奖一等奖。

国家科技进步奖是国家对为科学技术发展作出杰出贡献的科学家给予的最高奖励,是国家科技进步的旗帜,代表着国家科技创新的时代丰碑!

黄河调水调沙,蕴涵了一代又一代治黄科技工作者长期孜孜以求的探索!

回眸历史,万千年的泥沙沉疴,让多少治水先贤为之皓首穷经。

"黄河涨上天怎么办"的天问一次又一次叩响空际。

而悬河高悬、洪水为患、泥沙为祸的问题始终悬而未决。

2002 年,黄河调水调沙从构想走向实践。

承载着多少代治河思想的调水调沙从试验到生产运行,从模式探索到理论提升,九年探索,步步为营,突破了一个又一个常规制约,实现了一组又一组数据集成,成功演绎了治黄史上最大规模的原型实践。

九年探索,黄河调水调沙形成并确立了以小浪底水库单库为主、基于空间尺度水沙对接和基于干流水库联合调度的三种模式。首创了人工塑造异重流,形成了完整的调水调沙技术体系。

九年探索,调水调沙技术不断创新,实现了 2000 公里的大尺度空间各控制断面的水沙精细调控。

黄河调水调沙,作为黄河治理开发与管理现代化的一条主线,被写入国务院批复的《黄河流域防洪规划》中,也被写入新一轮黄河治理开发规划中,为黄河长治久安探索了新的治理途径。

黄河调水调沙理论与实践,体现了我国治黄理念和治河科学技术的重大进步,这不仅记录了新时代黄河人矢志不渝、艰苦奋斗的足迹,更是无数水利先贤梦想与心智的凝聚。

这是黄河人第一次摘取国家科技进步最高奖,这也是全国水利行业连续十多年来第一次摘取国家科学技术进步奖一等奖。

二

这是 60 年前的新德里。

1950 年,国际防洪大会在印度召开。就在这次颇具影响的大会上,国外权威专家预言:中国的黄河,由于河床不断的泥沙淤积,终将会造成堤防决口。50 年后,黄河下游将成为一片沙漠。

这是 2010 年的新加坡。

2010 年 6 月 29 日,李光耀水源荣誉大奖的颁奖仪式在这里举行。

中国的黄河,因其治理与管理的业绩,被极富苛刻和挑剔眼光的国际权威专家所推崇,黄河水利委员会以无可争辩的工作成果,力拔头筹,捧得该项大奖。

同期声:作为一条世界闻名的河流,黄河不仅属于中国,更属于全世界。黄河水利委员会所取得的成就为我们的子孙后代很好地保护了黄河这条母亲河!

李光耀水源荣誉大奖是国际水利大奖最有影响力的奖项之一,其宗旨在于奖励为解决全球性水问题而作出卓越贡献的个人和机构。

每一届李光耀水源荣誉大奖得主都是时代治水工作的最佳代言者和诠释者。

首届大奖得主、加拿大人"薄膜之父"班奈·戴克博士首创膜科技处理水,让我们喝上了干净的水。

第二届大奖得主、荷兰人卡茨·莱廷格教授研发出的升流式厌氧污泥床反应器科技,使得全世界数以万计的工厂和城镇废水得以较低成本的方式净化,避免污水直接排入河流水道威胁自然生态和公共卫生。

当美国科罗拉多河、中亚阿姆河、澳大利亚墨累－达令河、巴基斯坦的印度河等世界著名河流仍深陷断流深渊而不能自拔的时候,开创世界大江大河实施全流域水资源统一管理与水量统一调度先河的黄河,却由频仍断流的孱弱之身还原到润泽万顷的母亲之尊;中国 12% 的人口、15% 的耕地和 50 多座大中城市重新找回了与河共舞的流金岁月。

黄河重又畅流入海,探索出了一条在缺水河流实施流域水量统一调度的新模式。让依附其生存的万物生灵绝处逢生,也让人水关系的千古命题如云破天开,豁然明朗。

人沙赛跑曾是多泥沙河流不可逃脱的宿命。9 年 12 次调水调沙,下游主河槽平均下降了 1.8 米,7 亿多吨泥沙搬家入海;最小过流能力由 1800 立方米每秒提高到 4000 立方米每秒。水库群的水沙联合调度、异重流人工塑造、水库泥沙、河道泥沙等河流治理技术及相关学科的发展,对国内外多沙河流治理提供了支持和借鉴。

同期声:(黄河水利委员会　主任　李国英)黄河的明天一定会更加美好。

字幕:6 月 29 日,在新加坡国际水周开幕当天,黄河水利委员会主任李国英向来自世界各地的 2000 多名代表阐述黄河的治理与管理成就。

今天,创造着河流生命奇迹的黄河获得了国际认同,使它从全球 50 个提名中脱颖而出,成为第一个亚洲国家同时也是世界上第一个流域机构登上了世界水利行业最高荣誉殿堂。

李光耀水源荣誉大奖评审委员会一致认为:黄河水利委员会开展的科技创新及可持续发展策略使黄河焕发了新的生机,也使黄河曾经严重恶化的水生态系统得到了再生。出于对环境和生命的重视,黄河水利委员会开展的流域管理战略和"维持黄河健康生命"实践不仅是富有成效的,而且是可持续性的。作为一条世界闻名的河流,黄河不仅属于中国,更属于全世界,黄河水利委员会所取得的成就为我们的子孙后代很好地保护了黄河这条母亲河。

字幕:

6 月 30 日,黄河水利委员会主任李国英应邀在新加坡国立大学作关于黄河治理与管理的演讲。

黄河人付出了心血,也赢取了世界的尊重。

三

大河波涌,如同生命的约定,水沙腾跃,恰似河流的交响乐章。

2010 年,黄河调水调沙,超越的是频次,升华的是内涵。

6 月 19 日开始的汛前调水调沙历时 19 天。

这次调水调沙,赢得了黄河人梦寐以求的两组数字:一是黄河下游主河槽最小过流能力提高到 4000 立方米每秒,二是小浪底水库排沙比达到 150%。

这是两组不同寻常的数字。

4000 立方米每秒的过流能力,如同为泥沙输移搭建起一条"高速公路"。它既是下游河道整治工程的设计流量,又是下游河道冲刷效率最高流量级。黄河调水调沙多年来的探索目标终于实现。

那么,150% 的排沙比意味着什么呢?

简单地说,150% 的排沙比,说明小浪底水库出库泥沙多于入库泥沙,实现了绝对减淤。

而这一结果是小浪底水库自身无法完成的。它充分乘借了三门峡、万家寨水库的水沙动力,是干流水库群联合调度的综合功效。

这就是黄河水沙调控体系建设的精华所在。没有水库群的联合调度,就没有减淤效果的"1 + 1 > 2"!也就没有水库拦沙寿命的有效延长!

字幕:2010 年 6 月 11 日,黄河中游水库群防汛指挥调度演练

这次演练设定了小花间无控区来水和干流来水遭遇、黄河中游高含沙洪水两个场次洪水作为演练题目。

而就在此后一个月,一场与演练题目几近相同的区间降雨不期而至。

7月22日至24日,黄河中游大部分地区普降大到暴雨,小浪底水库以上泾、渭、洛河和水库以下的伊、洛河等多条支流均发生洪水。

这场洪水水沙异源,总量不大,历时较短,按照防洪减灾的常规思路,处理起来易如反掌。

然而,黄河防汛抗旱总指挥部却将这次干支流同时来水作为一次洪水泥沙处理的新实践,以"塑造协调的水沙关系"为核心理念,实施三门峡、小浪底、陆浑、故县四座水库组合调度。充分利用水沙来源的时间差、空间差,适时调度水库进行预泄、敞泄、凑泄和冲泄,科学实现干支流水沙过程对接,成功塑造了一次控制花园口站流量2600立方米每秒、含沙量不高于20千克每立方米的调水调沙过程。

这场洪水调度,不仅实现了小浪底水库排沙2100万吨,而且实现了下游河道全线冲刷,下游河道冲沙1010万吨。同时,也首次尝试了水库与河道联合调度模式,进一步丰富了调水调沙的内涵。

8月9日,北洛河、泾河及龙门以上晋陕区间的又一场降雨来临。这是一场典型的高含沙洪水,若处理不当,将会对水库、河道产生严重淤积。

按照汛前演练制定的预案,黄河防汛抗旱总指挥部从容调集各路"兵马"的战斗指挥在黄河中游干支流全面展开。

小浪底、万家寨、三门峡水库先后启用,将这场降雨分散、泥沙含量较高、"散兵游勇"式的洪水泥沙过程整理为协调的水沙关系,成功塑造了一场为期6天的调水调沙过程。

汛期两次调水调沙,将不同来源区、"散兵游勇"式的洪水、来沙整理成协调的水沙关系过程。这就是由控制洪水向塑造协调水沙关系转变的成功实践!

2010 年三次调水调沙,见证着调水调沙技术的重大进展,昭示着调水调沙思想的深邃与精妙。

四

字幕:2010 年 6 月 24 日,黄河三角洲生态调水暨刁口河流路恢复过流试验正式实施。

这一天,沉睡了 34 年的黄河故道刁口河开始复活,其滋养的黄河三角洲自然保护区北部区域重新焕发了青春。

同期声:(一千二管理站 张站长)咱们这个区域已经连续三十四年没有淡水补给了,仅靠雨水。

这是飞雁滩,一个极富诗意的地方,位于黄河三角洲自然保护区北部区域,黄河故道刁口河岸边。曾经水草丰美、万羽翔集的鸟类乐园。自 1976 年 5 月,黄河改道清水沟流路入海,刁口河停止行河以来,这里成为白茫茫的盐碱地,只有顽强的赤碱蓬随风摇曳。

停止行河,不仅导致河流生命特征的渐趋消失,更使沿河生态系统无法良性维持。海水入侵、岸线蚀退、湿地萎缩、动植物数量锐减等生态问题全部呈现。

长时间保持单条流路入海,人为改变了在河口岸线上入海泥沙量和海洋动力输沙能力的动态平衡。

失衡的黄河口呼唤调整入海流路使用方略。

2009 年 7 月,黄河水利委员会首次提出结合调水调沙,启用刁口河流路,实施生态调水。

期间,国务院批准了《黄河三角洲高效生态经济区发展规划》,在黄河河口开发的问题上,把"生态"确立为核心内容,对保护黄河口生态系统提出了新的更高的要求。

2010 年黄河调水调沙期间,黄河三角洲生态调水暨刁口河流路恢复过流试验正式实施。

字幕:2010 年 7 月　刁口河流路

兼葭苍苍,河水泱泱,雁落白沙,鹤鸣九皋。

有了河水的滋润,黄河三角洲自然保护区北部区域重现生命之歌。

五

2010 年 6 月 1 日,北京,《黄河流域综合规划》(以下简称《规划》)通过水利部审查。

至此,历时 3 年多,涉及 9 个省区,凝聚着历史治河经验、当代治河新探索的黄河流域综合规划蓝图绘就。

黄河治理,规划先行。

国家对黄河流域规划高度重视。1954 年编制的《黄河综合利用规划技术经济报告》,是我国第一部大江大河综合规划,也是迄今为止唯一由全国人大通过的流域综合规划。

其后,1997 年国家计委和水利部联合审查通过了《黄河治理开发规划纲要》。2002 年、2008 年国务院又先后批复了《黄河近期重点治理开发规划》和《黄河流域防洪规划》。

历次黄河流域综合规划都凝聚着历代治河思想,在治黄中发挥了重要的方向性作用。

经济社会的发展,黄河流域的新变化,对新一轮流域综合规划修编工作提出了新的要求。

新《规划》以维持黄河健康生命为主线,紧扣黄河流域的特点和突出问题,提出了构建六大体系的总体布局和黄河治理开发与保护的控制性指标,进一步论证了"拦、排、放、调、挖"泥沙处理措施的顺序,突出了"调"的作用,以优先保障下游滩区群众防洪安全为前提,进行了滩区治理多方案比较,提出了加快滩区安全建设和"二级悬河"治理的措施安排。《规划》建立了流域水资源与经济社会协调发展模型,更加突出了流域统一管理,对黄河长治久安问题进行了展望。

水沙调控体系和控制性指标是本次《规划》的亮点。

《规划》确立了水沙调控体系是防洪减淤、水资源高效利用和调度体系的核心,是黄河治理开发与管理总体布局的关键,是确保黄河长治久安的最重要途径。规划提出控制性指标包括防洪(防凌)、水资源管理和河道内生态环境用水等3个方面14项控制性指标,并特别提出实行最严格的水资源管理"三条红线"要求。

黄河落天走东海,万里写入胸怀间。

蓝图在手,黄河治理开发与管理事业必将迎来一个崭新的未来。

六

字幕:2010年3月31日,陕西长大污油泥处理厂油泥外泄,进入北洛河。

字幕:山东东平县黄河自然防洪山体长期遭无序开采,影响黄河防洪安全。

随着黄河治理开发跃升到一定阶段和水平,面对经济社会迅速发展及其所带来的新情况、新问题,流域管理面临的挑战越来越突出。为此,黄河水利委员会在继续抓好黄河治理开发工作的同时,高擎最严格的流域管理的大旗,实施最严格的水资源管理制度、最严格的河道管理制度、最严格的水土保持监督监测制度,让人水关系实现和解、寻求和睦、迈向和谐。

为着力解决水行政执法难的突出问题,黄河水利委员会提出建立黄河水利公安队伍,在豫鲁两省人民政府的大力支持下,49个黄河公安派出所全部成立。

2010年,豫鲁两省再次给力黄河水事安全,出台了《建立黄河派出所和水政监察大队协作配合机制的意见》,在水利系统首创黄河公安和水政监察"一文一武"的协作配合的执法体系,真正形成了黄河执法管理的合力。

在执法实践中,黄河水政坚持超前管理与同步管理并重,建立黄河流域省际水事纠纷预防调处工作机制,前移水行政管理关口,变被动执法为主动执法,最大限度地预防和减少了水事违法案件的发生。

这是位于宁蒙交界黄河河道的弃渣现场。这个长约3公里、约28万立方米的巨大弃渣场形成于20世纪70年代。期间,黄河水利委员会曾多次进行调查处理,并清理了部分弃渣。按照实施最严格的河道管理制度要求,2010年6月,黄河水利委员会启动督察机制,组织宁蒙两省区有关部门开展现场执法检查,联合宁蒙两省区水行政主管部门加强弃渣清除工作的全程监管督察,让黄河恢复了应有的宁静和畅通。

2010年1月1日17时50分,黄河流域水资源保护局值班室电话骤然响起,三门峡库区水文水资源局报告称渭河支流赤水河发生油污染事件。

短短10分钟内,黄河水利委员会果断启动黄河水资源保护预案!一场以三门峡为主战场,上至潼关,下至郑州,全长400公里战线上的处置柴油污染决战拉开了序幕。

这一被水利部部长陈雷批示为"迅即行动,科学调度,有效应对"的渭河油污染事件,是对黄河水功能区限制纳污"红线"建设的首次检验。

蜿蜒长河,水润大地。按照实施最严格的水资源管理目标,黄河水利委员会明确了黄河流域水资源开发利用"红线"的主要控制性指标。这一控制性指标涵盖了市级行政区域用水总量、省际断面和重要支流控制断面最小流量及高耗水工业节水减污要求。

黑河水量调度以落实最严格的水资源管理制度为契机,以丰富调度工作手段和内容为突破口,首次组织实施了建设项目水资源论证,逐步建立了相关的制度和规范,稳步推进了流域取水许可换发证工作,让曾经失落的大河在大漠戈壁中不断创造着绿色奇迹。

这是黄河流域大型生产建设项目水土保持督察现场。

2010年,黄河流域大型生产建设项目水土保持督察比例达到25%以上,其中对多沙粗沙区和晋陕蒙接壤地区大型开发建设项目的督察率达到100%。初步建立了严重人为水土流失违法事件的快速反应与联合查处机制。

《黄河流域大型生产建设项目水土保持公报》、《黄河流域水土保持法律法规执行情况公报》、《晋陕蒙接壤地区水土保持监督执法公报》的启动,把黄河流域水土保持监督执法提高到了新的水平。

实施"三个最严格",映照着大河两岸经济社会发展的勃勃生机,也映照着人与自然和谐关系的理性回归。

七

同期声:(新闻联播)中国西南地区目前正在遭受着严重的旱情,局部地区甚至出现了百年一遇的特大干旱,而云南和广西等地的旱情也在持续。

2009年秋季至2010年初,我国西南地区遭受百年一遇大旱。

旱之殇,举国上下守望相助。

3月25日,国家防汛抗旱总指挥部下发了《关于支援西南旱区抗旱工作的紧急通知》,要求举全部、全系统、全行业之力,做好支援西南旱区抗旱救灾工作。

战大旱,黄河人闻令出动。

3月31日10时,带着4万黄河人的深情厚谊,9辆载有工程技术人员和物资设备的车辆从洛阳起程,星夜兼程,疾驰旱区。

此前,黄河水利委员会派出的水文地质专家、地球物理勘探专家已兵分两路,分赴旱情最为严重的黔西南州和毕节地区,协助当地寻找水源。

这就是云贵高原地区常见的喀斯特岩溶地貌,300多年前,大旅行家徐霞客深为这种盆谷峰林的地貌所吸引,留下"磅礴数千里,为西南形胜"的描述。

然而,喀斯特地貌特殊的地质条件使得这里属于严重的贫水区,素有"打井禁区"之称。

3月31日,黄河水利委员会找水专家首次踏入了"打井禁区",布点、打桩、放线、物探。跋涉在海拔1000多米的山涧沟壑里,他们忘记了多少崎岖路,多少坎坷途。

7天夜以继日的奋战,不辱使命的黄河人全面分析了当地地形地貌以及水文地质情况,最终确定了黔西南的鲁布格、万屯、麻山以及毕节的梨坪、乌木5个井位。

4月6日,兴义市麻山乡抗旱救灾钻井位率先开钻,旋转着的钻头冲破了焦渴的大地。

字幕:

兴义市万屯镇钻机开钻。

黔西南州兴义市鲁布格镇钻机开钻。

毕节地区威宁县梨坪村钻井开钻。

毕节地区赫章县野马川镇乌木村钻井开钻。

天干地燥的山间,流动着两抹最艳的红。高高的钻井架上,"水利部黄河水利委员会"的红色旗帜迎风飘扬;旗下,一群人身影忙碌,他们是身穿橘黄色工作服的黄河人。

这是一场攻坚战。

作为一支驰骋在大江南北和南水北调西线的地质勘探专业队,尽管在勘探上拥有专业技术人才,也积累了大量的经验,但在这场硬碰硬的对抗中,仍遭遇着"水土不服"。地层构造复杂,水位埋藏深,岩石破碎,硬度高,钻探施工中的卡钻、埋钻无时不在考验着一群不服输的黄河人。

为进一步加快打井进度,黄河水利委员会及时派出第二批找水队伍,同时购置了2台价值数百万元的全液压钻机紧急驰援。

字幕:

4月17日,梨坪村钻井钻至近40米。

4月19日,麻山乡钻井钻进50余米。

4月23日,鲁布格镇钻井钻至55米,初见地下水。

这是一种让人揪心而欣喜的期盼。

时间定格在2010年4月24日17时40分。

在黄河人的盛情邀请下,在父老乡亲的守望相助下,潜伏在鲁布格96米坚硬岩层下的甘泉终于按耐不住,喷薄而出。

鲁布格井水量稳定在每小时15立方米,黄河水利委员会支援西南抗旱救灾第一口井宣告成功!

捷报频传。

4月26日深夜,万屯镇钻井在钻至79米时涌出地下水!

4月29日15时30分,经过5个小时的抽水试验,深达96.9米的梨坪村钻井出水量稳定在每小时20立方米以上,梨坪村钻井宣布成井!

3口水井的成功打成为当地5万余名缺水群众长久性解决

了饮水困难。

同期声:(贵州威宁县村民)能够喝上清甜的井水,感谢黄河水利委员会对我们的帮助和支持。

同期声:(贵州威宁县村民),黄河专家辛苦了,老百姓欢欢喜喜地送他们回去。

久违的笑容,温暖的双手,温馨的拥抱,送给这些可爱可敬的黄河打井队。

字幕:

4月28日,贵州省防汛抗旱指挥部致信黄河水利委员会,对黄河水利委员会全力支援贵州省抗旱救灾表示感谢。

4月30日,梨坪村井作为黄河水利委员会西南抗旱第一个成井正式移交。

5月2日,镌刻着水利部黄河水利委员会援建"黄河三号水井"的石碑永久地竖立在贵州威宁县梨坪村。

八

2010年8月8日凌晨,特大山洪泥石流灾害侵袭了甘肃舟曲,昔日的"陇上江南"美丽不再。

生命,从这里发出了微弱的呼救,震撼着960万平方公里土地上每一个中国人的心。

救援,从千里之外,自四面八方。

8月10日10时30分,在接到国家防汛抗旱总指挥部紧急调集黄河防汛抗旱总指挥部机动抢险队参加抢险救灾的命令后,黄河防汛抗旱总指挥部快速反应。

字幕:

8月10日21时,黄河防汛抗旱总指挥部舟曲防汛应急抢险队飞抵甘肃临洮机场。

8月11日零时,黄河防汛抗旱总指挥部舟曲防汛应急抢险队携带抢险物资设备连夜开赴舟曲。

8月14日,黄河防汛抗旱总指挥部紧急调集铅丝网片支援舟曲抢险。

此时此刻,舟曲县城河道严重堵塞,江水四溢,整个县城一片汪洋。

危险还在继续。

黄河防汛抗旱总指挥部应急抢险队抵达舟曲几个小时,舟曲普降大雨,再次引发山洪泥石流。抢险队驻地接到预警:周边有山体滑坡现象,临时驻地随时可能遭受泥石流吞没。

作为水利系统参加舟曲抢险救灾的唯一一支机动抢险队,为尽快投入救援工作,队员们全然不顾潜伏的危险,抢装了10多套水泵,接通了清水管线3000余米,保证了20个高压水枪的正常工作。

这是一场收拾破碎山河的硬仗。

8月17日夜,抢险队接到指令:抢通舟曲南街救援通道。

肩扛手拉,冲淤设备迅即到位。随着一声令下,憋足劲儿的水柱喷向厚厚的淤泥,遭受泥石流摧残的街道和店面逐渐露出了本色。

这里是三眼峪夜间救援现场。黄河防汛抗旱总指挥部调集的大功率照明灯和发电机组,让武警部队的救援不再有黑暗。

"一方有难,八方支援",黄河人将温暖的爱心化作积极的力量,加班加点编织铅丝网片。

这里是白龙江堰塞体抢险现场,留着黄河人余温的铅丝网片被制成铅丝笼,铺设在白龙江堰塞体开挖通道,为处置堰塞湖赢得了宝贵的时间。

8月28日晚,一场决战白龙江城关大桥前的动员和方案会商会正在连夜召开。

城关大桥地处堰塞湖抢险的最关键部位。由于城关桥水下桥面淤泥深达30厘米到80厘米,桥栏杆漂浮杂物严重阻水,导致水流不畅,水位下降缓慢。为尽快宣泄堰塞湖蓄水,舟曲前线指挥部决定调集黄河水利委员会抢险突击队清除桥面淤泥和阻水杂物,打掉这道"拦路虎"。

　　经磋商,黄河水利委员会抢险突击队决定后方只留下一名炊事员,剩下的队员全部投入战斗。

　　8月29日6时,决战城关桥"阻水坝"打响。

　　齐腰深的水中,江水湍急,淤泥深厚,站立困难。抢险队员扛着沉重的清水带,沿桥护栏摸索着前行,吃力地将水枪伸到1米多深的水下,对桥面的淤泥进行冲淤。

　　8月30日,城关桥阻水坝彻底清除完毕,白龙江水位下降了0.4米。随着整体抢险速度的推进,舟曲白龙江堰塞湖淤堵河道提前12小时全面疏通。

　　9月1日,水利部部长陈雷给参加舟曲抢险的黄河防汛抗旱总指挥部舟曲防汛应急抢险队发来表彰信,表彰信说:

　　字幕:黄河水利委员会人在堰塞湖应急排险及白龙江淤堵河道清淤疏通工作中,勇挑重担,敢于攻坚,为清除城关桥淤堵及城区淤积物作出重要贡献,得到了舟曲人民的肯定! 向他们致以崇高的敬意,表示衷心的感谢!

九

　　这是黄河下游一个最基层的河务段,曾几何时,与这种奉献和固守相伴的,是因位置偏僻、经费不足而造成的艰苦工作与生活环境。

　　缺少水源、水质超标、水量不足、设施老化等,让常年以河为家的黄河一线职工却在为水发愁。2010年,在黄河水利委员会党组的高度重视下,以解决基层饮水问题的数千万元资金迅速下达。

打井开钻、建设泵房、水质消毒、购置水罐车,不到半年时间,和阎潭河务段一同规划建设的首批17眼深水井、500多平方米水泵房、8000米给水管道以及成套现代化供水设施在菏泽黄河基层竣工,将近4000名基层河务职工及其家属彻底告别了超标水、苦咸水、污染水,迎来甘甜、洁净的自来水。

继2007年黄河职工重大疾病医疗救助机制在全河推广之后,2010年,黄河困难职工帮扶救助机制建立的步伐开始启动。

"救急济难,雪中送炭;单位为主,探索统筹;量力而行,有限救助;定期救助,急事急办;积极帮扶,审慎推进"。一场场"一方有难,八方支援"的感人场景在黄河两岸闪现,一个个友爱互助的精神接力在大河上下传承。

2010年,一个强健黄河精神与宣扬黄河水文化的旗帜之年。一代代光耀岁月的黄河精神,赋予了黄河文化丰富厚重的内涵,而新时期的黄河文化,又催生这个继承光荣的团队焕发出更加高昂的斗志和激情。

这一年,在"推动科学发展、促进社会和谐、服务人民群众、加强基层组织"的引领下,黄河水利委员会创先争优活动蓬勃展开,广大党员以自己的模范行动,引领着黄河职工以更加百倍的努力和热情迎接着一项项新的治黄任务。

这一年,黄河水利委员会党组成员率先垂范,针对治黄工作中的重点、难点、热点问题,逐个列出目标任务,逐项深入广泛调研,提出解决方案,做出工作部署。一种"调研—谈论—决策—落实"的工作机制建立运行。

这一年,《黄河水利委员会干部廉政阀门机制暂行规定》成效初显,大规模培训计划的实施,让黄河水利委员会各级领导干部的理念与心智得到了淬火般的提升与凝练。

这一年,黄河水利委员会水管企业职工养老保险全部纳入省级统筹。

这一年,23名优秀专业技术人员乘上破格获取专业技术任职资格直通车,直接晋升高级工程师。

2010年的黄河,是聚集力量、彰显民生的一年,是黄河精神超越迸发、弘扬正气的一年。这力量和精神,将如磁石一般,吸引更多的智慧、更多的心力、更多的奉献。

尾　声

无数滴水珠凝聚,欢呼着东流入海;亿万座星辰凝聚,撑起璀璨的星穹。

当我们的目光更多地投向未来,一个敢于担当的黄河,一个更加自信的黄河,必将凝聚着文明与热血,点燃颗颗心,心心相印,奔涌向前。

片尾曲:

凝　聚

一条大河奔腾东去
河上凝聚着多少传奇
中华文明在这里孕育
勤劳的黄种人代代薪火传递
大河上下处处是美丽的家园
岁岁安澜透射人水和谐相依
高峡长堤仿佛伟岸的琴台
让世界倾听黄河的精彩旋律

一条大河奔腾东去
将梦想和奇迹一起凝聚
从来创新无止境
黄河啊你永远汹涌万里

字幕:向辛勤工作在黄河治理开发与管理各个岗位上的黄河人致以崇高的敬意!

统筹:郑胜利 乔增淼
撰稿:刘自国 王红育 项晓光 徐清华 黄峰
摄像:王寅声 李亚强 叶向东 陶小军 吕应征
　　　崔锋周(河南局)等
编辑:邢敏 张悦 李臻 刘柳
片尾曲:王继和 王寒草 杨璐
文字整理:张琳
2011 年 1 月全河工作会议播出

2008 年 5 月 12 日 14 时 28 分

四川汶川发生里氏 8.0 级地震……

同期声:(黄河机动抢险队)我宣誓,坚决服从命令,一切听从指挥,团结一致抗震,圆满完成任务,胜利凯旋返回……

驰　援

——黄河水利委员会抗震救灾抢险纪实

在这片充满悲情的土地上,满目疮痍,生死相隔,家园倾覆……

受强烈地震破坏,四川、甘肃、陕西水库出险,堤防损毁,河道堵塞。仅四川省就有 1803 座水库因震受损,其中高危溃坝风险水库 379 座。这些震损水库犹如一支支达摩克利斯之剑,时刻威胁着正在悲伤中奋起的灾区人民。

险情就是命令。

黄河水利委员会党组召开紧急会议,周密部署,吹响了举全河之力,全力以赴抗震救灾抢险的集结号。

5 月 13 日,当人们尚处地震的惊愕中,由黄河防汛抗旱总指挥部办公室派出的 4 名应急除险加固和工程地质专家已经加入国家防汛抗旱总指挥部工作组,开进四川、陕西、甘肃抗震前线,开展水库、水电站的震损摸排、技术指导工作。

5 月 15 日,由黄河水利委员会副主任苏茂林、总工薛松贵为组长的两个专家组,火速赶赴陕西、甘肃,协助地方政府,对 100 余座水利工程进行震损摸排、分析研判。

5 月 17 日,按照水利部抗震救灾指挥部的部署,黄河防汛抗旱总指挥部派出机动抢险队、水质应急监测组、水库应急除险方案编制工作组、隐患探测工作组驰援灾区。

字幕：

黄河水利委员会水质应急监测队启程

黄河防汛抗旱总指挥部第一、第二机动抢险队赴川

黄河防汛抗旱总指挥部第三机动抢险队赴川

黄河防汛抗旱总指挥部第四机动抢险队赴川

黄河防汛抗旱总指挥部第五机动抢险队赴川

黄河水利委员会隐患探测工作组启程赴灾区

黄河水利委员会抗震救灾卫生防疫组出征

黄河水利委员会水库除险加固方案编制工作组启程

跨三秦，越秦岭，穿巴蜀。5月18日16时，黄河防汛抗旱总指挥部第一机动抢险队抵达四川广元。

这是首支入川的水利工程抗震救灾机动抢险队。

随后，绵竹、绵阳、江油、什邡也飘扬起黄河防总抗震救灾的旗帜。

这就是毗邻震中线上的四川省广元市灯煌水库。"5·12"强烈地震时，这座始建于20世纪60年代的土质坝坝体出现严重险情，水库坝顶局部出现纵向裂缝，最大宽度35厘米，可探视深度达2米。如遭遇强余震或暴雨，极易形成溃坝。一旦溃坝，将严重危及下游地区近3000劫后余生群众的生命安全。

黄河防汛抗旱总指挥部机动抢险队连夜召集专家会商，决定立即开挖溢洪道，降低溢洪道底部高程，增大泄洪流量，以降水减压，同时对坝体进行加固。技术人员随即对灯煌水库进行了两次勘察，制定了详细的施工方案。

然而，陡峭的悬崖、崎岖的山路、触目惊心的滑坡体，让习惯了平原生活的黄河人倒吸了几口凉气。

凌晨4时30分，多次经受过大洪水洗礼的"黄河铁军"，向灯煌水库宣战。

为快速降低水压,黄河防总抗震救灾指挥部从河南紧急调运了4台大功率泥浆泵,昼夜实施水库强排水作业,初步解除了险情。在开挖溢洪道时,抢险队却遭遇到一场"阻击战"。这条长95米、宽6米、深2米的溢洪道几乎全由坚硬岩石构成。而抢险队没有破碎岩石的专用设备,开挖工作寸步难行。但对于英勇的黄河铁军来说,再硬的"骨头"也啃得动,拿得下。抢险队投资50余万元购买了液压破碎锤,又从郑州调来爆破专家,运用锤击、爆破联合攻坚,1080立方米坚硬的岩石伴随着隆隆的炮声魂消云散。

此时,在石亭江河道疏通现场,一场虎口抢险的战斗正酣。

坚硬的鹅卵石河床,高"悬"的堰塞湖溃决威胁,多次撤离现场停工待岗的通知。黄河铁军迎难而上,与时间赛跑。连续奋战,为武警部队处置堰塞湖赢得时间,保证行洪安全。

字幕:

5月27日,黄河铁军奋战9天,渔儿沟水库危险基本排除。

6月3日,黄河铁军奋战13天,灯煌水库险情彻底排除。

6月5日,绵远河、石亭江河道疏通项目顺利通过验收。

6月8日16时,黄河防汛抗旱总指挥部机动抢险队携带大型施工设备,填沟平渠,爬坡穿山,艰难开进水库施工现场。

征尘未洗鼓又催,挥师千里仍从容。5支黄河防汛抗旱总指挥部机动抢险队随后挥师绵竹,快速开辟起第二战场,受命新油房、丰产、困牛山、民乐、马尾河、联合、陈家湾7座水库的应急除险,打响了"绵竹会战"。

他们克服施工场地狭窄、石头坚硬难挖、积水困扰、取土困难等诸多困扰,采取配备精干施工人员,增加大型施工设备,扩大施工作业面等措施,冒着40余摄氏度的酷暑高温,24小时不间断施工,在机械与坚石的激烈较量中,先后攻克了明渠开挖、溢洪道开挖、滑坡体开挖、干砌石拆除等多处施工难题。

6 月 12 日 12 时,新油房、困牛山、民乐、丰产 4 座水库应急除险通过验收。

6 月 13 日 8 时,马尾河、联合、陈家湾 3 座水库应急除险施工任务胜利完成。

这是已经连续 1 个月奔走在地震灾区的黄河水质应急监测队,作为水利部四支应急水质监测小组的生力军,他们携带移动水质监测车和快速检测设备,穿插在安县、汉源、宝兴、都江堰等 10 余个县市,完成了对 244 个饮用水区的水质监测,上报水质监测数据 2500 余个,为四川灾区人民喝上干净水、放心水汇聚力量。

5 月 23 日,黄河勘测规划设计有限公司的 27 位专家临危受命,担负起四川 42 座震损水库的应急抢险任务,一场"把脉开方"行动旋即在高山峡谷之间展开。

震损水库资料严重缺失,队员们只得因地制宜,现场绘制。而此时,余震不断,站在坝顶上即使不动,也有可能被"摇晃"进水里,更不用说山体滑坡、大坝溃决带来的灭顶之灾。大家已无法顾及个人安危,他们一条一条地检测、统计裂缝,一个一个地查找和记录渗漏点,决不放过任何一个可能引起水库溃坝危害的"嫌疑"。

16 个不眠的日日夜夜,42 座水库应急除险方案上交指挥部。

当设计大师林昭看到这一"正常需要两个月"才能完成的成果时,感慨地说:方案的编制内容齐全、结构合理,在适当修改完善后,可以作为范本,加以推广。

这里就是陕西省略阳县凤凰山滑坡体。这个体积达 130 万立方米的庞然大物是陕西省重大地质灾害之一。此次地震造成滑坡体出现新险情,严重威胁着略阳县城安全。为尽快解除凤凰山地质灾害对略阳县城的威胁,6 月 8 日,正在略阳县现场查看抗震救灾工作的黄河水利委员会抗震救灾总指挥、黄河水利委员会主任李国英当即现场办公,责成黄河勘测规划设计有限公司组成专家组,为凤凰山滑坡提供全面的技术方案支持。

接到命令后,黄河勘测规划设计有限公司紧急组建了由地质、物探、水工、施工等14位专家组成的专家组,仅仅3天,浸润着黄河人对灾区人民情义的《凤凰山地质灾害应急除险方案报告》提前出炉。

在四川绵阳、德阳,陕西汉中、宝鸡,甘肃陇南,抗震救灾,排险解难,到处都能看到黄河铁军的身影!

一边是震碎的悬崖峭壁,一边是滚滚而去的江水。

黄河防汛抗旱总指挥部堤坝隐患探测组的科研人员,就是在这种凶险中扛着沉重的探测仪器活跃在病险水库现场。在这场特殊的战斗中,在这片特殊的战场上,一座座高危病险水库在他们手中升腾起安澜的希望。

在这场突破死亡线的艰苦战斗中,黄河水利委员会卫生防疫人员用生命捍卫生命,把爱心留存灾区。

"坚决不辜负重托,不辜负亲人们的期望,把灾区当战场,用信念、责任和汗水,为抗震救灾再立新功。"这是5月29日参加抗震救灾的河南焦作河务局抢险队员向局党组发回的决心书。

这就是黄河人,他们在战斗的最前线,展现出了钢筋铁骨,展现出了果敢刚毅。可谁能知道,在一个个勇敢忠诚的脊梁背后,又有多少不为人知的故事?

字幕:"5·12"地震牵动着多少善良人们的心,几日来已经记不清流了多少次眼泪,自己也有到灾区亲身参与救灾的想法。没想到的是我26岁的独生子竟然真正踏上了征程。傻儿子,你知道不?你人走了,却带走了爸妈的心。

这是地震发生后,一位参加抗震救灾队员母亲的博客。

5月18日上午,郑州某酒店正在举办一对新人的婚礼。然而,新娘的父亲李大然却缺席了女儿的婚礼。一对新人在拜过天地后,司仪揭开了谜底。

同期声:新娘的父亲本来要来到现场,今天接到紧急通知,今天早上他和他的战友们一起奔赴到抗震前线,朋友们,我们把掌声送给他们的父亲……

37 天中,还有他们在感动着我们:推迟结婚的黄河流域水资源保护局高山、新婚七天告别妻子的济南黄河河务局张茂松、妻子面临分娩的利津河务局赵俊强、"请不要在工作中把我看成一个女人"的黄河勘测设计有限公司女设计师陈丽晔……

这支长长的队伍是黄河机械厂 5 月 14 日抗震救灾捐款现场。作为黄河系统最为困难的企业职工,在这场爱的接力、心的传递中,职工们慷慨解囊。

灾情,可以计算;感动,无法丈量。这就是黄河人,他们在特殊的时刻,特殊的地点,用自己的实际行动,实践着铁骨铮铮的誓言。

同期声:我宣誓,坚决服从命令,一切听从指挥,团结一致抗震,胜利凯旋返回……

字幕:

从 5 月 13 日到 6 月 18 日,37 天的抗震救灾,黄河水利委员会先后向四川、甘肃、陕西灾区派出 20 个工作组 721 人,投入大型设备 200 余台(套),共计开挖填筑土石方逾 12.5 万立方米,投入抗震救灾资金 1329.63 万元,全河职工累计捐款 1341 多万元。这是黄河水利委员会历史上规模最大、人数最多、集结速度最快、捐款数量最多的一次流域外抢险救援行动。

6 月 5 日,中华全国总工会授予黄河防汛抗旱总指挥部赴灾区前线工作组(队)中的 5 个机动抢险队、1 个水质监测队"工人先锋号"称号。

6 月 12 日,水利部授予黄河水利委员会抗震救灾工程抢险队"全国水利抗震救灾先进集体"称号。

全国妇联日前决定,授予在抗震救灾斗争中作出突出贡献的黄河中心医院"全国三八红旗集体"荣誉称号。

6月27日,黄河水利委员会对河南黄河河务局等14个抗震救灾先进集体和田依林等285名抗震救灾先进个人进行表彰。

先进集体名单：
河南黄河河务局
山东黄河河务局
黄河勘测规划设计有限公司
黄河中心医院
黄河流域水资源保护局
黄河水利科学研究院
新闻宣传出版中心
水文局
黄河上中游管理局
经济发展管理局物资公司
黄河服务中心车辆管理处
委防汛办公室
委建设与管理局
委办公室

撰稿：刘自国
摄像：王寅声 吕应征 叶向东 李亚强
编辑：邢敏 张悦
2008年7月

旱！旱！旱！

旱魃肆虐、大地龟裂、庄稼焦黄，一场突如其来的旱灾，袭击了大半个中国。旱情牵动中南海，牵动全国人民的心。党中央、国务院果断决策、及时部署。黄河防汛抗旱总指挥部紧急应变、迅速行动。隆冬初春的大河上下，传唱起一方有难、八方支援、众志成城、共克时艰的真情之歌。

旱　考

——黄河防汛抗旱总指挥部 2009 年抗旱纪实

这是一场罕见极端天气引发的严重自然灾害。

去冬今春，黄河流域大部分地区遭受了自 1951 年以来的特大干旱，降水量总计不足 10 毫米，局部地区连续 100 多天无有效降雨。

黄河水利委员会水文预报显示，2008 年 11 月以来，黄河流域上游地区降水量较常年同期偏少四至七成，中游的陕西、山西省偏少七成左右，陕西省局部地区偏少九成，黄河下游地区偏少五至八成。

素有"中国粮仓"之称的河南中原大地，全省小麦受旱面积达 5000 多万亩，占麦播面积近七成，65 万亩麦田出现不同程度的枯死现象。

从秋冬连旱到冬春连旱，旱情还在以惊人的速度蔓延。甘肃、陕西、山西、河南、山东 5 省小麦受旱面积一度攀升至 1.4 亿亩。

同期声：(原阳县孟庄村村民) 我活了 60 多岁就数今年旱情大，一直不下雨、不下雪。

坑塘干涸,农田叫渴,麦苗告急……长时间极度干渴,给群众生产生活带来严重影响。

"决不让沿黄灌区一亩冬小麦因灌不上黄河水而受灾"。肩负社会责任的黄河防汛抗旱总指挥部郑重承诺。

灾情如火,刻不容缓。一场抗击旱魃的大行动争分夺秒地紧张展开。

1月6日,为应对河南严重旱情,黄河防汛抗旱总指挥部发布区域干旱蓝色预警,启动Ⅳ级响应。这是《黄河流域抗旱预案(试行)》颁布以来,首次启动区域干旱预警。

字幕:1月6日,小浪底水库下泄流量由290立方米每秒增大至350立方米每秒。

你可不要小瞧了这小幅度的流量增加。黄河素有"伏汛好抢,凌汛难防",这是说黄河凌汛有其特殊的复杂性。每年凌汛期间,按照防凌预案,水库必须严格控泄。

在沿黄灌区嗷嗷待哺的同时,黄河济南以下河段仍未开河。加大水库泄流必须考虑下游的引水能力,否则,如果下泄流量加大后沿黄灌区引水能力不足,进入封河河段,必将抬高冰下水位,可能导致凌灾。

然而,考验才刚刚开始。继河南大旱后,甘肃、山西、陕西、山东相继发生严重或中度干旱。

步步紧逼的旱情,让黄河防汛抗旱总指挥部经历了自成立以来最为严峻的挑战。

字幕:2009年2月1日18时

春节长假后的第二天,当人们还沉浸在节日的欢乐中,一场应对流域干旱的紧急会商会正在黄河水利委员会防洪厅进行。一份份旱情报告向这里汇总,电子幕墙上不断变换着各种气象图形和数据、旱情分布、水库蓄水、涵闸引水……

抗旱的根本是水。然而,受旱情影响,截至2月初,黄河龙羊峡、刘家峡、万家寨、三门峡、小浪底五大水库总调节水量仅为145亿立方米,较去年同期少36亿立方米;小浪底水库可调节水量仅有17亿立方米,较去年同期减少一半,为2004年以来同期最小。但这丝毫阻挡不了黄河防汛抗旱总指挥部支援流域抗旱的信心。

紧急部署,紧急通知,紧急行动,一项项措施迅速出台,一道道紧急指令发出。

字幕:

1月11日,黄河防汛抗旱总指挥部发布黄色干旱预警,启动Ⅲ级响应。

1月11日,小浪底水库下泄流量增加至500立方米每秒。

2月3日,黄河防汛抗旱总指挥部发布橙色干旱预警,启动Ⅱ级响应。

2月3日,小浪底水库下泄流量增加至600立方米每秒。

2月6日,黄河防汛抗旱总指挥部发布红色干旱预警,启动Ⅰ级响应。

2月6日,小浪底水库下泄流量增加至700立方米每秒。

黄河防汛抗旱总指挥部还施行黄河流域抗旱信息零报告制度。所谓零报告,就是要求无论数据变与不变,都必须坚持每天报告,以便掌握信息,更好地调配黄河水资源。

凭借先进的技术手段和敏锐的"嗅觉",凌情发展、涵闸引水量、灌区累计浇灌面积、累计抗旱水量、未来5日引水计划尽在黄河防汛抗旱总指挥部的掌控之中。

在启动抗旱预警至黄河下游开河期间,利津断面平均流量为183立方米每秒,满足防凌控制利津断面在150～200立方米每秒之间的要求。预警以来,抗旱引水订单执行精度平均为4.2%,小浪底水库泄流误差平均为2.8%。

特殊时期,特殊力量。黄河水文、水调、防办、河务等治黄职工,用超常的勇气、毅力和奉献,诠释着"责任"这个沉甸甸的字眼。

字幕:截至 2 月 13 日,河南、山东两省已经累计引黄河水 8.81 亿立方米,灌溉面积达 1023 万亩。

这是黄河下游引黄抗旱面积首次突破千万亩大关,黄河防汛抗旱总指挥部驰援抗旱保麦效果初现。

同期声:(晚间新闻)22 时,黄河防汛抗旱总指挥部调度山东境内的东平湖水库开启入黄闸门,以 20 立方米每秒的流量为黄河干流补水,尽最大的努力支援山东抗旱浇苗。

东平湖是黄河下游重要的蓄滞洪区,被誉为下游防洪的一张"王牌"。面对大旱的考量,东平湖义无反顾地加入黄河下游水资源应急联调。

俗话说:"立春雨水到,早起晚睡觉。"立春过后的 20 天,是小麦生长的关键时期,70% 的小麦产量形成于这一段。这意味着黄河流域抗旱迎来保证夏粮丰收的真正"决战期"。

字幕:2 月 8 日,2009 年立春第四天。

这一天,黄河防汛抗旱总指挥部接连下发指令:

字幕:

2 月 8 日 20 时起,小浪底水库下泄流量从 700 立方米每秒增加到 900 立方米每秒。

2 月 8 日 22 时起,万家寨水库下泄流量加大到 450 立方米每秒。

因山东省抗旱用水不断增加,2 月 8 日 8 时,利津断面流量降至 80 立方米每秒以下,且仍呈下降趋势。当日 20 时,虽上游小浪底水库泄流已增至 900 立方米每秒,但预计该流量 5 天左右才能演进至艾山断面,如何在确保山东灌溉引水的同时不致造成利津断流?依据《黄河水量调度条例》,黄河防汛抗旱总指挥部急令东平湖水库,首次参与黄河应急联合调度。

一场大尺度空间的接力调水支援流域抗旱的"决战"轰然打响。

2月13日,黄河防汛抗旱总指挥部再次发出调度指令:

为继续支持晋陕两省抗旱,也为黄河下游后期抗旱筹措水源,同时减轻内蒙古河段开河期的槽蓄压力,即日8时,刘家峡水库控泄水量由350立方米每秒压减到300立方米每秒,万家寨水库控泄水量由450立方米每秒加大到550立方米每秒,小浪底水库900立方米每秒流量过程到达艾山后,13日晚22时关闭东平湖入黄闸。

运筹帷幄之中,决胜千里之外,万里大河就这样实现着准确的梯级补水接力!

字幕:2月13日22时,东平湖水库陈山口、清河门入黄闸门关闭,共向黄河紧急补水933万立方米。

字幕:2月16日,小浪底水库第七次加大下泄流量,流量为1000立方米每秒,为历史同期最大。

自1月下旬始,黄河防汛抗旱总指挥部先后派出9个抗旱工作组分赴沿黄灌区进行抗旱督导。黄河防汛抗旱总指挥部常务副总指挥、黄河水利委员会主任李国英多次深入河南新乡、开封、商丘等地,实地调研沿黄灌区抗旱进展和引黄能力,提出一方面在充分考虑下游防凌安全条件下逐步加大水资源供给;另一方面应对沿黄灌区饮水渠道实施大规模清淤。

在旱情最严重的河南省,工作组通过对32座引黄涵闸实地调研了解到,部分涵闸由于多年不用,引水能力降低,黄河防汛抗旱总指挥部及时向河南省防汛抗旱指挥部发出明传电报,建议河南省防汛抗旱指挥部组织沿黄地区加紧清淤,提高涵闸引水能力。

这是新乡大功灌区红旗闸引黄渠道清淤现场。经过驻豫部队连续9个昼夜奋战,3000米长的引水渠道顺利开通,大功总干渠引黄流量达到 20 立方米每秒。封丘、长垣、滑县、内黄等地的 250 多万亩麦田浇灌上了黄河水。

在黄河防汛抗旱总指挥部的超前谋划下,黄河成了沿黄灌区抗旱浇麦最大的依靠,延续 100 多天的沿黄灌区严重旱情出现转机。

在河南引黄灌区,最大引黄流量一度达到 300 多立方米每秒,创 30 年同期新高;最大日灌溉面积达到 30 多万亩,每天引水量 2000 多万立方米,相当于投资数亿元建造的一座中型水库的蓄水量。

在山东引黄灌区,截至 2 月底,今年山东省已引黄河水 11.98 亿立方米,创下自 1958 年有引黄水量记载以来的同期最高值,惠及沿黄 1400 多万亩小麦。

字幕:

河南省、山东省防汛抗旱指挥部:

为统筹抗旱应急配水,协调各地引黄用水需求,避免灌溉进度不均衡,请你部加强跨地(市)引黄灌区灌溉配水管理工作,并要求各地(市)防汛抗旱指挥部加强跨县引黄灌区灌溉配水管理,协调各地有序灌溉,推进应急抗旱整体进度。

这是黄河防汛抗旱总指挥部常务副总指挥李国英 2 月 8 日签发的黄防总电[2009]9 号明传电报。

灾害从天而降,应对更须及时。在抗旱用水配置中,黄河防汛抗旱总指挥部始终着眼流域、着眼长远;始终注意上下游、左右岸的均衡供水,要求各方建立良好的用水秩序,让黄河水最大限度地惠及更多的旱区。在下游抗旱的关键时期,黄河防汛抗旱总指挥部并没有忘记上游,主动了解宁夏、内蒙古两自治区引黄灌区降雨、墒情和今年农作物种植计划。一切部署皆统筹兼顾、有条不紊。

2 月 16 日,水利部部长陈雷在黄河水利委员会呈报的《关于黄河流域抗旱工作进展情况的报告》上批示：黄河水利委员会在这次抗旱工作中，围绕中心，服务大局，及时启动预案和应急响应，科学进行水量调度，统筹安排抗旱用水，受到沿黄旱区各省好评。望再接再厉，打好抗旱这一仗。

干旱可以撕裂大地，但摧不垮黄河人的意志；干旱可以阻断水流，但隔不断黄河人的真情。在党中央、国务院、国家防汛抗旱总指挥部的坚强领导下，旱魃见证着黄河人的责任和从容，肆虐黄河流域的特大干旱终于被击退。

字幕：

2月19日、26日、27日，山东、河南、陕西先后解除干旱预警。黄河防汛抗旱总指挥部宣布将流域干旱红色预警降为蓝色预警。

3月10日，黄河防汛抗旱总指挥部宣布解除黄河流域干旱蓝色预警。

又是一年麦收时。

那金光流溢的田间，随风摇曳出醉人的芳香；阳光下跳动的沉甸甸的麦穗，像醇香的美酒温暖着人们的心肠，尽享着丰收的喜悦。

黄河，这条亘古横流的母亲河，再次用她并不丰盈的羽翼，庇护了两岸苍生的安然。

字幕：

自1月6日发布干旱预警至3月10日，小浪底水库下泄水量35.3亿立方米，净补水7.4亿立方米。

同期陕西、山西、河南、山东四省引黄河干流抗旱浇灌水量23.46亿立方米，灌溉面积2460万亩。其中，河南累计抗旱用水量7.2亿立方米，完成浇灌面积885万亩；山东累计抗旱用水量15.4亿立方米，完成浇灌面积1517万亩；小北干流河段累计取水0.86亿立方米,完成浇灌面积58万亩。另外,甘肃省累计灌溉48万亩,其中黄河干流浇灌约40万亩。

撰稿:刘自国

摄像:李亚强　叶向东　李臻　张悦

编辑:张悦　李臻

文字整理:张悦

2009年6月黄委委务工作会议播出

这是一条传奇的河流。

这是一条注定造化时空的河流。

当它伴着新世纪的脉动,站在新的历史起点上时;当它带着生命复活的憧憧梦影,波澜再生,穿越蜿蜒,一路欢歌时,古老的黄河在岁月的沉积中喷薄而出,共同见证着跨入 21 世纪的中国奏响豪情激烈的盛世华章。

跨　　越

——新世纪　新黄河

北京。中华世纪坛。不仅仅是为时间的流逝而建造的一个地上标记。这里,铭记着一个东方大国的百年沧桑,承载着一个古老民族的世纪宏图。

同期声:"10、9、8、7、6、5、4、3、2、1"

2000 年 1 月 1 日零时,中华儿女在这里相约,撞响世纪钟声,向充盈着创造与奇迹的岁月热烈道别,把编织着探寻与梦想的未来盛情相邀。

黄河三角洲,中国最年轻的土地。它运动、清新,充满活力。

2011 年 3 月,走了千里万里的黄河桃汛洪水被重新塑造在完成冲刷潼关高程的使命后,向大海作最后的冲刺。

12 年前的 1999 年 3 月,黄河刚刚经历了一个重大历史转折。

这一年,经国家授权,黄河水利委员会对黄河水资源实施统一管理和水量统一调度。频频断流的黄河涅磐般转身,带着黄土地的清香和黄种人的希望,重回大海的怀抱。

然而,在 20 世纪末的 1972 年到 1999 年,黄河断流 20 多年,最严重时,黄河全年三分之二的时间无水入海。断流导致工业停产,农业绝收,生活用水告急,河道萎缩,河口湿地濒临消亡,生物多样性衰减,生态链条断裂,河流水生态系统遭遇空前的生命危机。

在人类社会即将翻开公元纪年第三个千年的新篇章时,被称为思想和精神圣地黄河将流向何处呢?

同期声:钟声:"当—当—当"

当新千年的曙光跃上地平线的时候,黄河水利委员会贯彻落实科学发展观、人与自然和谐相处,确立了"维持黄河健康生命"的治河新理念,与全社会一道开始了拯救黄河的伟大壮举。

从此,黄河经历着举世瞩目的历史传奇,重登世界河流的舞台。

要像确保黄河下游堤防不决口一样,确保黄河不断流!这是黄河人在新世纪做出的庄严承诺!

新世纪元年,曾经累计断流21年、令举国上下为之震惊的黄河,第一次全年全程过流。自此,黄河河道内的生命之水,再也没有呈现出令人战栗的干涸。壮美的大河抖落曾经的浮尘,重新成为贯通大陆和海洋的生命纽带,为生命进化成长提供着辽阔的空间。

当人类作别新世纪的第一个十年,在美国科罗拉多河、中亚阿姆河、澳大利亚墨累－达令河、巴基斯坦印度河等世界著名河流仍深陷断流深渊而不能自拔的时候,开创世界大江大河实施全流域水资源统一管理与水量统一调度先河的黄河已由频仍断流的孱弱之身还原到润泽万顷的母亲之尊。

黄河重又畅流入海,探索出了一条在缺水河流实施流域水量统一调度的新模式,让依附其生存的万物生灵绝处逢生,在经济、社会、生态巨大效益的背后,诠释着人水关系由和解走向和谐的深邃内涵。

在新世纪创造了河流生命奇迹的黄河获得了国际认同,成为亚洲第一个,同时也是世界上第一个流域机构登上了李光耀水源荣誉大奖这一世界水利行业最高荣誉殿堂。

水少、沙多,水沙关系不协调,这是黄河最核心的难题。

2002 年以来,在世界治河史上绝无仅有的黄河调水调沙实现了 2000 公里河道的大尺度空间各控制断面的水沙精细调控;下游主河槽平均下降了 1.85 米,7 亿多吨泥沙搬家入海;最小过流能力由 1800 立方米每秒提高到 4000 立方米每秒。这对沿黄及滩区群众生产生活和社会稳定发挥了重大作用。

从小浪底水库单库运行,到基于空间尺度水沙对接,再到干流水库联合调度的异重流塑造,完整的调水调沙技术体系在黄河诞生。

水库群的水沙联合调度、异重流人工塑造、水库泥沙、河道泥沙等河流治理技术及相关学科的发展,对国内外多沙河流治理提供了支持和借鉴。

被中国科学院技术科学部、信息技术科学部评为对我国当前经济建设影响重大的 9 个项目之一的黄河调水调沙,被写入国务院批复的《黄河流域防洪规划》中,也被写入新一轮黄河治理开发规划中,为黄河长治久安探索了新的治理途径。

2010 年,黄河调水调沙理论与实践摘取了 2010 年国家科学技术进步奖一等奖。这是黄河人第一次摘取国家科学技术进步奖一等奖!也是全国水利行业连续十几年来第一次摘取国家科学技术进步奖一等奖。

历史上,黄河频繁决口改道,其下游如肆虐的巨龙在南北徘徊。生灵涂炭、饿殍载道、瘟疫滋生、生态恶化是其深重灾难的真实写照。今天,黄河疯狂泛滥的时代成为过去。而其终结者则是经过几代人奋斗形成的"上拦下排、两岸分滞"的防洪工程体系和日益完善的非工程体系。

黄河在她的下游,依然以"悬河"的姿态傲视两岸。一道道控导工程顽强地改变着黄河游荡摆动的性格;绵延不断的长堤,既是坚固的"水上长城",又被不断注入生态、文化等新的元素。利用黄河泥沙建设的"标准化堤防",以防洪保障线、抢险交通线、生态景观线三位一体的容颜成为华夏大地上又一新的地标。黄河两岸,城市林立,稻菽千重,百姓祥和,鸟语花香。

　　黄河难治的症结是泥沙,关键在粗泥沙。黄河水利委员会通过重点构筑黄河粗泥沙的"三道防线",加快"三条黄河"建设,为狰狞的黄河泥沙套上了笼头。在黄土高原地区,对黄河下游淤积影响最为严重的7.86万平方公里的多沙粗沙区和1.88万平方公里的粗泥沙集中来源区,实施了以淤地坝建设为主体的水土保持综合治理,构筑起黄河泥沙的第一道防线。在黄河中游,一个新的治河主战场即将开辟。以"淤粗沙排细沙"为目标的小北干流放淤,将成为拦减黄河粗泥沙的第二道防线。

　　新纪元,新跨越。"数字黄河"把黄河装进了计算机,让创新共舞的大河奔向数字时代;从数字水量调度,到数字防汛、数字水保、数字建管,横亘千年的下游大堤、扣人心弦的洪水应对、沉疴缠身的黄土高原,通过"数字黄河",给人以吐故纳新、生机奔腾般的振奋与惊奇。2009年,作为"数字黄河"一期工程——黄河水资源统一管理与调度以其大规模、高集成的信息化、数字化水准,摘取国家科学技术进步奖二等奖。

　　"模型黄河"把黄河搬进实验室,"模型黄河"成为深入洞察黄河水沙运行规律的校验场。咫尺之间的大河波光涟漪,激流生辉。

　　"数字黄河"、"模型黄河"、"原型黄河"共同演绎现代治河的精彩华章。

　　新世纪以来,开放的黄河昂首勃勃走向世界。全世界的河流跨过五湖四海,在这里握手。世界倾听着黄河的声音,黄河分享着世界的滋养。

黄河国际论坛被写入《气候变化、能源和环境新加坡宣言》,成为亚太三个主要水事交流平台之一。亚太水信息中心落户黄河水利委员会,让中国治河理念及治河技术惠及世界;中国保护黄河基金会的成立,为集中世界各领域专家的智力为黄河治理和管理献计献策提供了一个桥梁。全球水伙伴——中国黄河成为第一个流域行业组织;作为目前唯一摘取李光耀水源荣誉大奖的流域机构,黄河治理理念和治理成就更深、更广地影响着世界水事发展趋向。

黄河从生命危机到英姿勃发,生态系统从严重恶化到健康维持的历程表明,中国政府对于生态环境的治理与保护是负责任的,也是有能力的。

正如李光耀水源荣誉大奖奖励委员会这样评价:黄河水利委员会开展的流域管理战略和"维持黄河健康生命"实践不仅是富有成效的,而且是可持续性的。作为一条世界闻名的河流,黄河不仅属于中国,更属于全世界,黄河水利委员会所取得的成就为我们的子孙后代很好地保护了黄河这条母亲河。

大河东去,那是大海的召唤;大潮奔腾,那是力量的凝聚。

新的世纪,新的千年,新的跨越! 这跨越,印记着探索的步履;这跨越,闪耀着追求的梦想;这跨越,就是黄河历经磨难后的伟大复兴。

字幕:

2001 年,"三条黄河"开始建设。

2002 年,国务院批复《黄河近期重点治理开发规划》,第一次调水调沙试验开始。

2003 年,第二次调水调沙试验,空间尺度扩展至 2000公里。

2004 年,第三次调水调沙试验,人工异重流塑造成功。

2005 年,黄河水利委员会机关被中央文明委授予"全国精神文明建设工作先进单位"荣誉称号。

2006 年,国务院颁布《黄河水量调度条例》。

2007 年,黄河水利委员会被授予"全国五一劳动奖状"。

2007 年,黄河水利委员会荣获我国环境保护领域最高奖励——"第四届中华宝钢环境优秀奖"。

2008 年,郑州黄河标准化堤防工程和东平湖综合治理工程荣获中国水利优质工程大禹奖。

2008 年,山东济南黄河标准化堤防荣获中国建筑工程鲁班奖。

2008 年,黄河水利委员会抗震救灾工程抢险队被中共中央、国务院、中央军委命名为全国抗震救灾英雄集体。

2009 年,"黄河水资源统一管理与调度"荣获国家科学技术进步奖二等奖。

2010 年,黄河水利委员会荣获新加坡李光耀水源荣誉大奖。

2011 年,"黄河调水调沙理论与实践"荣获 2010 年国家科学技术进步奖一等奖。

撰稿:刘自国　徐清华
摄像:王寅声　李亚强　叶向东
编辑:邢敏　刘柳　李臻
2011 年 4 月

《河之变》编委会

主　　编：郑胜利　乔增淼

执行主编：刘自国　邢　敏

编辑人员：张　悦　李　臻　刘　柳　张　琳

　　　　　王寒草　王晓梅　陶小军